DIEZ, BOHNE, WINKENBACH

60 BEETE

Einfach nachpflanzen – mit Musterbeeten
für Blumen, Gemüse und Kräuter

KOSMOS

INHALT

MUSTERBEET-INFOS

Auf den folgenden Seiten bekommst du die wichtigsten Infos zur Aussaat und Pflanzung von Gemüse, bevor wir dir Beete einfach zum Nachpflanzen zeigen. Die Gemüse-Musterbeete sind jeweils 1,5 m lang und 1 m breit.

TIPPS & TRICKS

Gemüse-Musterbeete

Wenn draußen noch Winter ist, beginnt für den Gärtner schon das neue Gartenjahr. Sollen zu Beginn des Frühjahres die ersten Pflanzen ins Freie, können wir schon Ende Februar mit der Aussaat einiger Pflanzen wie frühen Kohlsorten oder Frühsalaten beginnen.

GIESSTIPPS

1. Am besten am frühen Morgen oder abends nach Sonnenuntergang.
2. Nicht in der prallen Mittagssonne gießen.
3. Intensiver, aber nur alle paar Tage gießen.
4. Den Boden um die Pflanzen herum gießen.
5. Besonders bei Tomaten (Braunfäule) und Gurken (Falscher Mehltau) sollten die Blätter nicht nass werden, sonst droht Pilzbefall.
6. Mit Gartenschlauch oder einer Gießkanne.
7. Generell brauchen Pflanzen an sonnigen Plätzen mehr Wasser als Schattengewächse.
8. Als Faustregel für die Gießmenge gilt: Je größer die Blätter, desto höher der Wasserbedarf.
9. Südländische Kräuter wie Thymian und Rosmarin erst gießen, wenn die Erde ausgetrocknet ist.

AUSSAAT UND PFLANZUNG

Generell stellt sich die Frage, ob es sinnvoll ist, Pflanzen selbst zu ziehen. Wenn man es nur aus finanzieller Sicht betrachtet, sicherlich nicht. Denn Samen, Aussaaterde und verschiedene benötigte Utensilien kosten auch Geld. Aber es macht einfach viel Freude, sein Gemüse von Anfang an selbst in die Obhut zu nehmen und den Lebenszyklus eines Gemüses vom Samenkorn bis zur Erntereife mitzuerleben. Besonders für Kinder ist dies ein wertvolles Lernen der Abläufe in der Natur. Dabei erlebt man, dass Gemüse einen langen Weg hinter sich bringen muss, bevor es im Supermarkt angeboten wird. Gemüse selbst zu ziehen, beinhaltet noch einen weiteren sehr wichtigen Vorteil: Ich kann selbst entscheiden, wo mein Saatgut herkommt, und ich kann historische, seltene oder sehr bewährte Gemüsesorten anbauen, die selten im Handel als fertige Pflanzen angeboten werden.

DAS BRAUCHST DU

Für die Anzucht von Gemüse benötigt man Aussaaterde, Saatschalen, Pflanztöpfchen, geeignete Sprühflaschen zum Gießen, eventuell ein Minigewächshaus und einen sonnigen Platz auf der Fensterbank. In den letzten Jahren kamen tolle neue Spezial-Aussaatschalen auf den Markt. Dank Klarsichthaube und Kapillarmatte mit integriertem Wasserspeicher entwickeln sich die Samen schnell zu Pflanzen mit kräftigen Wurzeln. Über die Kapillarmatte erhalten die 24 Aussaatzellen optimal dosierte Bewässerung. Der Wasserspeicher reicht bis zu sieben Tage. Zur Anzucht kann man aber natürlich auch Plastikbecker, Dosen und Tontöpfe verwenden.

AUSSAAT SCHRITT FÜR SCHRITT

Fülle das Aussaatgefäß mit Anzuchterde, drücke diese gleichmäßig fest und gieße die Erde an. Das hat den

1

2

3

1. Sobald sich das erste richtige Blattpaar nach den Keimblättern zeigt, können die kleinen Pflänzchen pikiert (vereinzelt) werden.

2. Mit einem Pikierstäbchen die kleinen Sämlinge vorsichtig aus der Erde holen. Zu lange Wurzeln mit dem Fingernagel einkürzen (abknipsen).

3. Rahmenbeete mit einer Abdeckmöglichkeit sind bestens zur Anzucht der empfindlichen Sämlinge geeignet.

4. Saatbänder lassen sich einfach zu zweit auslegen.

Vorteil, dass die Samen beim Angießen nicht ausgeschwemmt werden. Um nicht zu dicht auszusäen, empfiehlt es sich, feines Saatgut mit etwas Sand zu vermischen. Dann werden die Samen gleichmäßig auf der Erde verteilt und mit einem feinen Wasserstrahl angefeuchtet. Lichtkeimer werden nur angedrückt, Dunkelkeimer entsprechend den Angaben auf der Samentüte dünn mit möglichst feiner Erde bedeckt und nochmals angegossen. Sehr gut geeignet sind Aussaatgefäße, die einen durchsichtigen Deckel haben. Damit können sich die Samen in einer höheren Luftfeuchtigkeit gut entwickeln. Alternativ kann man auch eine transparente Folie oder Tüte über die Aussaatgefäße spannen.

Die optimale Keimtemperatur liegt zwischen 14 und 18 °C. Bitte achte darauf, dass ausreichend Licht und Luft vorhanden ist. Das wohl größte Problem bei der Eigenaufzucht ist das zu dieser Jahreszeit – Ende Februar – noch geringe Tages- und Sonnenlicht. Dies kann zu schlechter Pflanzenqualität und übermäßigem Längenwachstum führen. Beginne eventuell erst etwas später mit der Aussaat und nutze dafür den besten Platz im Haus, an dem genügend Licht vorhanden ist.

4

SAATGUT

Qualitativ hochwertiges Saatgut kann man auf Saatgutmessen, Gartenmärkten oder bei Spezialfirmen bestellen, die es sich zur Aufgabe gemacht haben, alte Sorten und somit die Pflanzenvielfalt zu bewahren. F1-Hybridsaatgut ist meist etwas teurer und eignet sich im Gegensatz zu den alten Sorten nicht, um Samen für das nächste Jahr selbst zu ernten.

Für wärmeliebende Pflanzen wie Tomaten und Paprika ist ab Mitte März der beste Zeitpunkt für die Aussaat auf der Fensterbank. Bei einer zu frühen Aussaat läufst du Gefahr, dass die Pflanzen dünntriebig und instabil werden.
Wenn die Keimblätter entwickelt sind und man schon das erste Laubblatt sehen kann, sollten zu dicht stehende Keimlinge auf größere Abstände verpflanzt (pikiert) und die jungen Pflänzchen etwas kühler gestellt werden.

AUSSAAT IM FRÜHBEET

Im März, wenn der Winter sich dem Ende entgegenneigt und die Tage schon merklich länger geworden sind, kann man anfangen, das erste Gemüse draußen zu säen. Die ersten Frühlingssonnenstrahlen haben den Boden im Frühbeet schon erwärmt und nachts sind die keimenden Samen gegen leichte Nachtfröste geschützt. Geeignet für eine Aussaat bei noch niedrigen Temperaturen sind unter anderem Radieschen, Kohl, Kopfsalat, Erbsen, Spinat, Mangold und Rettich.

AUSSÄEN IM FREIEN

Endlich wird es Frühjahr und die ersten Samen und Jungpflanzen können ins Freie gebracht werden. Die wichtigsten Informationen zu jeder Pflanze stehen auf den Saattütchen: optimale Saatzeit, Saattiefe und die Abstände zu den Nachbarpflanzen.

WINTER ADE – BODEN VORBEREITEN

Sobald der Boden nach dem Winter etwas abgetrocknet ist, spritze ich meine Beete und auch Anzuchtschalen mit einer Kräutermischung aus Ackerschachtelhalm und Rainfarn. Für 1 l der Brühe mischt man jeweils 20 g getrockneten Ackerschachtelhalm mit 10 g Rainfarn. Das Ganze wird aufgekocht und anschließend abgeseiht. Ackerschachtelhalm hat sich als gutes Mittel bei Pilzkrankheiten und zur allgemeinen Bodengesundung bewährt. Rainfarn trifft die überwinternden Schädlinge im Boden.

SAMENBAD

Um den Samen eine optimale Starthilfe zu ermöglichen, gebe ich diese vor

Dieses Pulver wird hauptsächlich beim Kompostieren eingesetzt. Unsere Samen keimen nach einem Humofix®-Bad aber auch viel besser!

der Aussaat in ein Kräuterbad mit Humofix®, einem Kräuterpulver der Abtei Fulda. Es besteht aus Brennnessel, Schafgarbe, Löwenzahn, Baldrian und Kamille. Von dieser Fertigmischung gibt man eine Messerspitze in eine Tonschale und füllt diese mit Wasser auf. Nach etwa sechs Stunden kommen die Samen dazu und man rührt mit einem Holzspatel um, damit die Samen nicht zusammenkleben. Kohlarten bleiben 15 Minuten in dem Bad, Radieschen und Rettich 30 Minuten, Wurzelgemüse, Möhren und Sellerie 90 Minuten, alle anderen Samen 60 Minuten. Nach dieser Zeit werden die Samen durch ein Leinentuch gefiltert. Sind die Samen abgetrocknet, können sie ausgesät werden.

AB IN DIE ERDE

Bei normalem Saatgut sind mehrere Samenkörner zusammen in einer Samentüte. Beim Aussäen kleiner Samen wie bei Salaten, Möhren oder Rote Bete ist es nicht ganz einfach, die Samenkörner im optimalen Abstand in den Boden zu bringen – meistens sät man zu dicht. Um das zu vermeiden, kann man sich behelfen, indem man die Samen mit etwas Sand vermischt oder spezielle Dosierhilfen nutzt.

Bei allen Saatmethoden ist es wichtig, die Angaben auf der Samentüte hinsichtlich Saattiefe und Abstand zwischen den Pflanzen zu beachten und die Saat mit einer feinen, dünnen Schicht Erde zu bedecken (sofern es sich nicht um einen Lichtkeimer handelt). Zum Schluss auf alle Fälle vorsichtig angießen – die Samen benötigen Feuchtigkeit, um zu keimen.

Stehen nach einigen Tagen oder Wochen die jungen Keimlinge zu eng, sollten sie vereinzelt (pikiert) werden. Damit die Saatreihen im gleichen Abstand zu den Nachbarreihen stehen, ist es eine große Hilfe, entlang einer Schnur zu aussäen.

INS BEET PFLANZEN

Wenn schon vorgezogene oder in der Gärtnerei gekaufte Pflanzen gesetzt werden, ist auch hier genügend Abstand zu den Nachbarpflanzen zu halten: Lieber eine Pflanze weniger setzen als zu dicht pflanzen.

KEIMPROBE

Um zu kontrollieren, ob ältere Samen vom letzten Jahr noch keimfähig sind, legt man einige auf ein feuchtes Küchentuch. Die Keimzeit kann man auf den Samentüten nachlesen. Wenn nach dieser Zeit keine oder nur sehr wenige Samen aufbrechen, um Keimblätter zu bilden, ist es wenig sinnvoll mit diesen Samen weiterzuarbeiten.

Die vorgezogenen Jungpflanzen besitzen einen Wurzelballen und man kann meist gut erkennen, wie die feinen Wurzeln nach außen drängen. Setze diese Pflanzen etwa 1 cm höher als die Bodenoberfläche. Die Wurzeln wachsen trotzdem gut nach unten in das Erdreich. Du wirst es später aber so leichter haben, das Gemüse ohne Erde zu ernten.

Abstände

Aus eigener Erfahrung möchte ich dir noch mit auf den Weg geben, lieber in größeren als in zu kleinen Abständen zu säen oder zu pflanzen. Pflanzen möchten wie die Menschen ein wenig Abstand zu ihren Nachbarn!
Als Pflanzabstand wird der Abstand zwischen den einzelnen Pflanzen innerhalb einer Reihe bezeichnet.
Der Reihenabstand bezieht sich auf den Abstand zwischen den einzelnen Pflanzreihen.

PFLANZEN RICHTIG PFLEGEN

Damit die laufende Pflege unseres Gartens zeitlich im Rahmen bleibt, ist es wichtig, möglichst effektiv zu arbeiten und auf unnötige Arbeitsschritte ganz zu verzichten. Allein das Mulchen kann einen wertvollen Beitrag leisten.

Jäten

Unkraut zu jäten kostet viel Zeit und macht den meisten Menschen keinen Spaß! Unkräuter, oft sind es auch essbare Wildkräuter, konkurrieren mit

Die jungen Salatpflanzen nur so tief ins Beet setzen, dass der Wurzelhals frei bleibt.

Zum Setzen wird die Mulchschicht etwas zur Seite geschoben.

unseren Gemüsepflanzen um Nährstoffe, Platz und Wasser. Ihre Wuchsfreudigkeit ist unseren Kulturpflanzen oft weit überlegen und so gilt es, diese möglichst im Anfangsstadium zu entfernen. In einem Biogarten arbeitet man natürlich ausschließlich mit mechanischen Gartenwerkzeugen und verzichtet auf Chemie. In meinem Garten nutze ich in den Beeten nur die Pendelhacke und die Jätschlinge. Der Vorteil ist, dass die Unkräuter hierbei unterirdisch abgeschnitten werden und als Mulchschicht auf dem Beet bleiben. Unser Ziel sollte es sein, dem Unkraut möglichst wenige Chancen zu geben, sich auszubreiten. Die beste Möglichkeit, um Unkräuter in den Beeten zu verhindern, ist das Mulchen.

Mulchen

Wenn man ohne weitere Kenntnisse die Vorgänge in der Natur beobachtet, so wird man schnell feststellen, wie schutzlos nackte Erde den Elementen Wasser, Wind und Sonne ausgeliefert ist. Wasser und Winde schwemmen bzw. blasen fruchtbaren Boden weg. Die ungeschützten Sonnenstrahlen machen den Boden hart und rauben ihm die Feuchtigkeit. Genau diese verhängnisvollen Abläufe sollten wir in unserem Garten vermeiden.

Ein wesentlicher Vorteil des Mulchens wird uns durch das Leben der Regenwürmer vor Augen geführt. Würmer brauchen ständig Nahrung, wenn sie ihre Arbeit fortwährend machen sollen. In gemulchten Gärten gibt es immer genügend Nahrung für alle Organismen, die an einer Rotte beteiligt sind. Ein weiterer großer Vorteil ist, dass die Samen unerwünschter Unkräuter schlecht oder gar nicht keimen können, wenn sie abgedeckt sind. Gemulchter Boden ist immer bedeckt und das Wasser kann nicht so schnell verdunsten. Die Bodenorganismen bleiben bis in die oberste Schicht aktiv, Regenwürmer holen sich aus der Mulchschicht ihr Futter und der Boden bleibt locker. Was wollen wir mehr?

Mulchen ist letztendlich ein Kompostieren an Ort und Stelle: Während der Verrottung der Mulchschicht werden dem Boden ständig neue Nährstoffe zugeführt. Durch die Nährstoffzufuhr über die Mulchschicht muss man nicht mehr alle Pflanzen im Garten mit Dünger versorgen. Für die meisten

Pflanzen reicht die Versorgung mit nährstoffhaltigem Mulchmaterial aus. Nur Pflanzen mit höheren Nährstoffansprüchen wie die Kohlgemüse oder Tomaten benötigen eine gezielte Düngung. In einem gemulchten Beet musst du nicht mehr hacken oder umgraben. Es reicht, wenn du den Boden nur mit der Pendelhacke oder Grabegabel auflockerst. Die Pflanzen, die in der Mulchschicht stehen, erhalten schnell wertvolle Nähstoffe und außerdem auch die Verrottungswärme dazu.
Man kann Blätter in ganzer Größe zwischen die Pflanzen legen oder vorher etwas zerkleinern. Ich sammle Mulchmaterial einige Tage und zerkleinere es dann bei einem ohnehin notwendigen Rasenschnitt einfach mit meinem Rasenmäher. Aus einem großen Haufen Bioabfall mit ganz verschiedenen Pflanzenabfällen bleiben nicht mehr als zwei Körbe zerkleinertes Mulchmaterial übrig. Mittlerweile mähe ich mit meinem Rasenmäher schon brennnesselbewachsene Nachbargrundstücke, weil mein Bioabfall nicht für meine Beete reicht.
Wenn keine Pflanzen auf dem Beet sind, kannst du das Mulchmaterial großflächig etwa 5 bis 8 cm hoch auf das Beet geben und mit Effektiven Mikroorganismen (im Handel erhältlich) gießen. Wachsen schon Pflanzen auf dem Beet, so gib den Mulch vorsichtig um die Pflanzen herum. Nach dem Winter werden nicht verrottete Mulchrückstände leicht in die Bodenoberschicht eingearbeitet und der Boden kann sich dann schneller erwärmen. Wer konsequent mulcht, braucht nicht mehr umzugraben.

MATERIALIEN ZUM MULCHEN

- Grasschnitt, leicht angewelkt
- Abfälle von Gemüse, Salat, Stauden, Kräutern, Laub
- Tomatenblätter: zwischen Tomaten- oder Kohlpflanzen legen!
- Brennnesselblätter: Lieblingsspeise von Regenwürmern
- Beinwellblätter für Tomaten und Gurken

Die Pendelhacke ist das wichtigste Gartengerät im Biogarten: Man kann damit Unkraut jäten und gleichzeitig den Boden lockern.

Düngen im Biogarten

Es versteht sich von selbst, dass in einem Biogarten keine chemischen Düngemittel zur Anwendung kommen. Düngen im Biogarten heißt Humusaufbau. Dies wird zum größten Teil über Kompost und Mulch ermöglicht. Der Bioabfall wird langsam zu Humus und die Bodenfruchtbarkeit dadurch erhöht. Unsere Pflanzen wiederum entziehen dem Boden auch ständig Nährstoffe. Der erfahrene Gärtner sieht es seinen Pflanzen an, wenn sie zusätzliche Hilfe in Form von Düngung benötigen. Letztendlich kommen unsere ausgebrachten „Mittelchen“ zunächst unserem Boden und dann den Pflanzen zu Gute.

Tomaten mit Salat & Kohlrabi

Benötigte Pflanzen oder Saatgut für das Tomaten-Beet 1: Pflücksalat, Spinat, Kopfsalat, Kohlrabi, Tomaten (freilandgeeignete Sorten), Basilikum, Ringelblumen-Samen, Feldsalat oder Postelein, Endivie.

Tomaten-beet 1

1. Beet im April

Im April pflanzen wir in den äußeren Reihen Pflücksalat, z. B. 'Salad Bowl', oder Kopfsalat mit Kohlrabi und auf die späteren Tomatenreihen Spinat. In die Mitte des Beetes säen oder pflanzen wir Ringelblumen zur Vorbeugung gegen Nematoden und Drahtwürmer. Beim Arbeiten mit dem Beetrahmen können wir bei Bedarf Pflanzen und Saat vor Kälte schützen.

2. Beet Ende Mai nach den Eisheiligen

Nach den Eisheiligen ist der Spinat abgeerntet und wir können unsere Freilandtomaten und dazwischen Basilikum pflanzen. In das Pflanzloch der Tomaten gibt man ausgereiften Kompost und kann auch gleich einige Stängel Brennnessel als Starthilfe mit dazugeben.

3. Beet Mitte/Ende August

Zum Ende des Sommers pflanzen oder säen wir an die Ränder Spinat oder Endivie. Wo die Ringelblumen standen, wird Feldsalat oder Postelein gesät. Die Tomaten werden spätestens Anfang Oktober vom Beet geräumt. Die Wurzeln verbleiben im Boden. Im Herbst/Winter können wir Spinat, Postelein, Feldsalat und Endivie mit der Abdeckung vor den ersten kalten Nächten schützen und noch einige Wochen ernten.

Pflanzen-Legende

1 Pflücksalat

2 Spinat

3 Ringelblume

4 Kopfsalat

5 Kohlrabi

6 Basilikum

7 Tomate

8 Feldsalat/Postelein

9 Endivie

Tomaten und bunte Mischung

Benötigte Pflanzen oder Saatgut: Pflücksalat, Steckzwiebeln, Rote Bete, Tomaten (freilandgeeignete Sorten), Spinat, Feldsalat oder Postelein, Endivie.

Tomaten-beet 2

1. Beet im März/April

Wenn wir ein Beet mit Kälteschutz haben (z. B. Rahmenbeet mit Abdeckung), können wir bereits Ende März den Pflücksalat pflanzen, die Rote Bete säen und auch die Zwiebeln stecken.

Pflanzen-Legende

1 Pflücksalat
2 Steckzwiebel
3 Rote Bete
4 Tomate
5 Spinat
6 Feldsalat/ Postelein
7 Endivie

2. Beet Ende Mai

Im Mai setzen wir nach den Eisheiligen die Tomaten in die Lücken.

Einfach Spinat anbauen

Aussaat: Frühjahrssorten ab Februar/März, Herbstspinat Anfang August, Winterspinat bis Mitte September. Saattiefe 2 bis 3 cm.

Pflanzzeit: März bis September.

Anbau: tiefgründiger, gut gelockerter, humusreicher Boden. Im Frühjahr auf Beete säen, die schon im Herbst mit Kompost versorgt wurden. Spinat reagiert empfindlich auf Bodenverdichtung. Mittelzehrer.

Pflanzenschutz: Bei Mehltaubefall, vor allem bei feuchtem Wetter, befallene Blätter auszupfen!

Ernte: von Mai bis Februar. Wenn sich mindestens sechs Blätter zeigen, kann mit der Ernte begonnen werden. Man schneidet den Spinat so ab, dass das Herz stehen bleibt.

3. Beet Mitte/Ende August

Im August sind die Zwiebeln erntereif. Die Reihen werden mit Endivie und Feldsalat oder Postelein ersetzt.

Auf einen Blick

Tomaten selbst anbauen

Es gibt eine Riesenauswahl an Neuzüchtungen und historischen Sorten. Mitte/Ende März bis Anfang April erfolgt die Voranzucht. Sobald die Tomatenpflänzchen das erste entwickelte Blattpaar nach den Keimblättern zeigen, werden sie einzeln in Töpfe gesetzt.

Pflanzzeit

Jungpflanzen ab Mitte/Ende Mai, nach den Eisheiligen, tief und etwas schräg ins Beet einsetzen, damit sich mehr Wurzeln bilden können.

Anbau

Tiefgründiger, nährstoff- und humusreicher Boden. Tomaten sind Starkzehrer: Vor der Pflanzung gut mit Kompost versorgen. Pflanzen an Stützpfähle binden oder an Seilen nach oben leiten. Die meisten Tomatensorten müssen ausgegeizt werden: nur bei trockenem Wetter und möglichst am Morgen ausgeizen, dann brechen die Geiztriebe besser. Die Geiztriebe ergeben einen wunderbaren Dünger für die Tomaten: einfach damit mulchen! Beim Gießen nicht die Blätter benetzen, sondern nur die Wurzeln wässern. Tomaten können einige Jahre am gleichen Platz stehen, wenn eine gute Versorgung mit Kompost gewährleistet ist.

Pflanzenschutz

Tomaten im Freien mit einem Regendach schützen, um den Befall mit Braunfäule zu verhindern. Die Ringelblume als Begleitpflanze schützt vor Krankheiten.

Ernte

Tomaten reifen nach und nach und werden entsprechend von Juli bis Ende September geerntet. Im Herbst können noch unreife Tomaten in der Wohnung (dunkel, warm) nachreifen.

Gute Nachbarn

Basilikum, Bohnen, Kohlarten, Lauch, Möhren, Petersilie, Salat, Sellerie, Spinat, Zwiebeln.

Freiland- & Salattomaten

'Moneymaker' (frühe Reife, mittelgroße Früchte), 'Quadro', 'Rebella'.

Buschtomaten für Balkon und Kübel

'Balkonstar' (besonders reich tragend), 'Bogu's Fruchta', 'Paulinchen' (gelbe Früchte), 'Rotkäppchen'. Ausgeizen ist hier nicht erforderlich.

Fleischtomaten

'Berner Rose', 'Liguria', 'Marmande'.

Cocktailtomaten

'Corbarino' (rote Datteltomate), 'Dattelwein' (gelb, sehr frühe Reife), 'De Berao' (lang-oval, orangegelb), 'Yellow Submarine' (gelbe Birnentomate).

Erbsen & Eintopfgemüse

Benötigte Pflanzen oder Saatgut: (1) Niedrige, frühe Palerbsen (z. B. 'Kleine Rheinländerin'), (2) Frühe Möhren (z. B. 'Pariser Markt'), (3) Grünkohl ('Niedriger Grüner Krauser' oder 'Halbhoher Grüner Krauser'), (4) Stangensellerie, (5) Endivie. Zudem Tagetes.

1. Beet im März

Bereits im März können wir mit der Aussaat der Palerbsen und frühen Möhren beginnen. Das Beet wird zum Kälteschutz noch abgedeckt.

2. Beet Ende Juni/Juli

Nach dem Abernten von Erbsen und Möhren folgen Grünkohl, Stangensellerie und Endivie. Einige Tagetes werden als Beikraut zum Kohl gepflanzt.

Erbsen anbauen - so geht's

Für den Anbau von Erbsen braucht man Rankgitter, damit sie klettern können. Ab einer Höhe von 20 cm wird die Erde vorsichtig angehäufelt. Erbsen gehören zur Familie der Hülsenfrüchtler und sollten nach drei Jahren einen anderen Standort bekommen.

AUSSAAT

Voranzucht in Töpfen: Palerbsen Mitte März, Zuckererbsen Ende März, Markerbsen Mitte April. Saattiefe 3 cm, der Boden sollte nicht zu nass sein, damit die Samen nicht faulen.

ANBAU

Lockerer, nährstoff- und kalkhaltiger Boden, möglichst sonniger Platz. Schwachzehrer, keine weitere Düngung notwendig. Erbsen reagieren empfindlich auf frische organische Düngung. Regelmäßig gießen.

ERNTE

Mai/Juni bis August. Wenn die Erbsen reif sind, sollte alle drei Tage durchgepflückt werden. Nach dem Ernten die Pflanzen abschneiden und die Wurzel im Boden lassen - als Stickstoffversorgung für nachfolgendes Gemüse. Erbsenblätter als Mulch für Kohlgewächse verwenden. In einem feuchten Tuch eingeschlagen, kann man die Hülsen ein bis zwei Tage im Gemüsefach des Kühlschranks aufbewahren.

GUTE NACHBARN

Dill, Gurken, Kohlarten, Möhren, Radieschen, Rettich, Salat, Spinat.

PALERBSEN

Können kleinkörnig geerntet und zum Kochen verwendet oder getrocknet werden: 'Allerfrüheste Mai', 'Feltham First', 'Kleine Rheinländerin'.

ZUCKERERBSEN

Mit der Hülse essen: 'Graue Blaublühende', 'Schweizer Riesen', 'Zuckearfen'.

MARKERBSEN

Schmecken süß, sind meist größer und haben einen höheren Nährwert. Nach dem Trocknen kannst du sie nicht mehr zum Kochen verwenden. Sorten für Frischverzehr, Einmachen oder Einfrieren: 'Aldermann', 'Kelvex', 'Siegerin'.

Kohl and Friends

Benötigte Pflanzen oder Saatgut: Spinat, Pflücksalat, Radieschen, Kohlrabi, Buschbohnen, Bohnenkraut, Rosenkohl, Feldsalat, Endivie. Außerdem Tagetes und Ringelblumen.

Kohlrabi & Rosenkohl

1. Beet im März

Im März pflanzen und säen wir alle Reihen. Pflanzen im Beet mit Wärmeabdeckung schützen. Bitte beachten, dass Kohlsorten (außer Kohlrabi) sehr viel Platz und Nähstoffe benötigen und eine lange Kulturdauer haben!

2. Beet Mai/Juni nach den Eisheiligen

Nach den Eisheiligen und dem Abernten von Spinat und Kohlrabi säen wir die Buschbohnen abwechselnd mit Bohnenkraut und pflanzen den Rosenkohl. Der Rosenkohl bleibt bis in den Winter auf dem Beet. Einige wenige Ringelblumen und Tagetes können als Beipflanzen zum Kohl gesät oder gepflanzt werden.

3. Beet im September

Sobald die Buschbohnen und der Pflücksalat die Beete geräumt haben, kommen nun je zwei Reihen mit Wintersalaten, also Feldsalat und Endivie, dazu.

Pflanzen-Legende

1 Spinat
2 Pflücksalat
3 Radieschen
4 Kohlrabi
5 Buschbohne
6 Bohnenkraut
7 Rosenkohl
8 Endivie
9 Feldsalat

Wurzel- und Zwiebelgemüse

Benötigte Pflanzen oder Saatgut: (1) Möhren, (2) Dill, (3) Zwiebeln, (4) Lauch, (5) Pastinaken, (6) Endivie, (7) Feldsalat.

1. Beet im April

Im April säen wir Möhren (zusammen mit Dill) und Pastinaken. Durch die Dillsamen gehen die Möhren besser auf. Auch die Zwiebeln können wir schon stecken und den Sommerlauch pflanzen.

2. Beet im August

Im Hochsommer wird das erntereife Gemüse gegen Endivie und Feldsalat ausgetauscht und es entsteht ein Winterbeet. Nach der Ernte von Lauch und Pastinaken können beide Salate mit Abdeckung noch lange auf dem Beet bleiben und nach Bedarf geerntet werden.

Winterbeet für Wurzel- und Zwiebelgemüse

Benötigte Pflanzen oder Saatgut: (1) Kohlrabi, (2) Salat, (3) Zwiebeln, (4) Möhren, (5) Dill, (6) Kerbel, (7) Radieschen, (8) Rote Bete, (9) Lauch.

1. Beet im März/April

Im März/April können wir mit der Abdeckung schon das Beet komplett ansäen oder anpflanzen.

2. Beet im August

Sobald Radieschen und Salate abgeerntet sind, säen wir Rote Bete und pflanzen Lauch. Das Gemüse kann bis in den Herbst hinein auf dem Beet bleiben. Nach der Ernte können wir das Beet zu einem Winterlager umfunktionieren. Nicht benötigte Rote Bete und Möhren können für den Winter eingeschlagen werden.

Blattgemüse und Kohl

Benötigte Pflanzen oder Saatgut: Spinat, Kopfsalat, Kohlrabi, Frühkohl, Knollensellerie, Lauch, Endivie, Feldsalat. Außerdem Ringelblumen und Tagetes.

Salat & Kohlrabi

1. Beet im März

Im März säen wir den Spinat und in der Mittelreihe Kopfsalat abwechselnd mit Kohlrabi. Bei Bedarf mit der Abdeckung vor Frost schützen.

2. Beet Ende Mai

Im Mai kommen auf die Randreihen frühe Kohlsorten abwechselnd mit Salat. Die Mittelreihe wird mit Knollensellerie und Lauch bepflanzt. Einige wenige Ringelblumen und Tagetes können als Beipflanzen zum Kohl gesät werden. Ringelblumen werden bis zu 40 cm hoch und können bei Bedarf auf 15 cm eingekürzt werden. Sie treiben dann wieder neu aus.

3. Beet im Juli

Bitte beachten, dass Kohlsorten sehr viel Platz benötigen und eine lange Fruchtdauer haben. Nach der Ernte des Kohls können wir nun Endivie pflanzen.

Pflanzen-Legende

1 Spinat
2 Kopfsalat
3 Kohlrabi
4 Frühkohl
5 Knollensellerie
6 Lauch
7 Endivie
8 Feldsalat

4. Beet im Oktober

Nach der Ernte von Lauch und Knollensellerie kommt nun Feldsalat auf das Beet. Entstanden ist ein Winterbeet, das bei Frostgefahr abgedeckt werden kann.

Kohl und Bohnen

Benötigte Pflanzen oder Saatgut: Spinat, Pflücksalat, Dill, Kohlrabi, Buschbohnen, Spitz- und Rotkohl, Stangensellerie. Zudem Ringelbumen und Tagetes.

Kohlrabi & Frühkohl

1. Beet im März

Im März können wir schon das komplette Beet anpflanzen bzw. ansäen und mit der Abdeckung die Pflanzen und Saat vor Frost schützen.

Pflanzen-Legende

1 Spinat
2 Pflücksalat
3 Dill
4 Kohlrabi
5 Buschbohne
6 Kohl
7 Stangensellerie
8 Feldsalat

2. Beet ab Mitte Mai

Im Mai, wenn Spinat und Kohlrabi abgeerntet sind, werden die Reihen mit Buschbohnen, Spitz- und Rotkohl sowie Stangensellerie ersetzt. Ringelblumen und Tagetes können als Beipflanzen zum Kohl direkt ins Beet gesät werden.

3. Beet im September

Im September stehen nur noch Spitz- und Rotkohl sowie Stangensellerie in der Beetmitte – bis zum ersten Frost. In den Randbereichen kann nun Feldsalat angebaut werden.

WEISSKOHL UND ROTKOHL

ANBAU: SO GEHT'S

Tiefgründiger, nährstoffreicher Boden mit hohem Humusanteil und gutem Wasserhaltevermögen in sonniger bis halbschattiger Lage. Beete regelmäßig hacken bzw. mit der Pendelhacke den Boden belüften, mulchen, regelmäßig gießen, vor allem während der Kopfbildung. Die Pflanzen anhäufeln, um die Standfestigkeit zu erhöhen. Starkzehrer. Nach drei Jahren an einem anderen Platz pflanzen, auf dem vorher kein Kohl stand.

SORTEN: WEISSKOHL & ROTKOHL

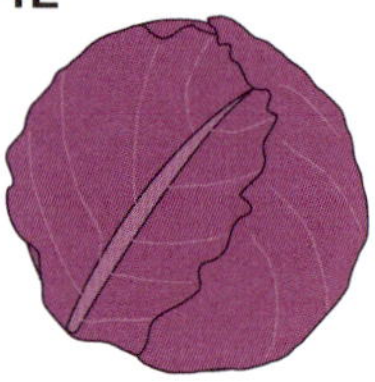

Weißkohl:
Frühsorten: 'Spitzkohl Filderkraut', 'Allfrüh', 'Marner Frühkohl'
Herbstsorten: 'Braunschweiger', 'Marner September', 'Butterkohl Goldberg'
Lagersorten: 'Marner Lagerweiß'

Rotkohl: 'Amarant' (frühe Sorte), 'Granat' (gut lagerfähig)

Ende Mai bis November ist Erntezeit, wenn sich feste Köpfe gebildet haben. Dabei den kompletten Wurzelstrunk samt Erde entfernen.

AUSSAAT & PFLANZUNG

Ausgesät wird von Anfang Februar bis April in Ansaatschalen. Pflanzzeit ist von März bis Mai, sobald die Jungpflanzen drei bis vier Blätter haben. Pflanzabstand 50 bis 60 cm, die Erde sollte bis zu den Keimblättern reichen.

PFLANZENSCHUTZ BEI KOHL

Auskalken des Pflanzloches zur Vorbeugung der Kohlhernie. Pflanzen mit Vlies zum Schutz vor Kohlweißlingen und Kohlfliege abdecken oder Pflanzen mit einem Kohlkragen schützen. Lehmbreibad der Wurzeln vor dem Pflanzen in Ackerschachtelhalmbrühe. Etwa alle zwei bis drei Wochen Weißkohl im Wurzelbereich mit Brennnessel- oder Beinwell-Pflanzenjauche im Verhältnis 1:20 oder Kräuter-Smoothie im Verhältnis 1:10 gießen.

BUSCHBOHNEN UND STANGENBOHNEN

ANBAU: SO GEHT'S

Lockerer und warmer Boden. Alle Bohnen sind sehr kälteempfindlich. Pflanzen vorsichtig anhäufeln, um die Standfestigkeit zu erhöhen. Buschbohnen bedürfen keiner zusätzlichen Düngung. Stangenbohnen benötigen ein stabiles Rankgerüst. Pflanzen in einer Höhe von 2 m kappen, damit sie sich verzweigen und neue Blüten bringen. Mindestens dreijährigen Fruchtwechsel einhalten, auch mit anderen Leguminosen.

SAMMELT **STICKSTOFF**

Nach dem Ernten die Pflanzen abschneiden und die Wurzel im Boden lassen – als Stickstoffversorgung für nachfolgendes Gemüse wie Kohl. Stangenbohnen bringen höhere Erträge.

Mai/Juni bis August. Wenn die Bohnen reif sind, sollte alle drei Tage durchgepflückt werden.

AUSSAAT & PFLANZUNG

Voranzucht ab April in Töpfen. Pflanzzeit ist im Mai.

PFLANZENSCHUTZ BEI BOHNEN

Boden regelmäßig lockern. Dies „stört" die Maden und Puppen der Wurzelfliege. Bohnenkraut, Ringelblumen, Rote Bete, Sellerie, Gurken als optimale Nachbarn für Stangen- und Buschbohnen. Buschbohnen mögen außerdem Erdbeeren und Tomaten gerne in ihrer Nachbarschaft.

Erdbeeren und Lauch

Benötigte Pflanzen oder Saatgut: Erdbeeren, Zwiebeln, Knoblauch, Feldsalat, Lauch.

Mit Feldsalat

1. Beet im März

Wir legen unser Erdbeerbeet so an, dass jede Erdbeerpflanze 30 cm zur Nachbarpflanze und ca. 50 cm zur nächsten Reihe hat. Zwischen die Erdbeerreihen bzw. an den Rand pflanzen wir Zwiebeln und Knoblauch (nicht zu eng pflanzen!).

Pflanzen-Legende

1 Erdbeere
2 Zwiebel
3 Knoblauch
4 Lauch
5 Feldsalat

2. Beet Ende Mai

Wenn der Knoblauch nicht zu eng gesteckt wurde, lässt sich Lauch dazwischensetzen.

Einfach Lauch anbauen

Aussaat: Ab Februar unter Glas aussäen, Winterporree im Juli direkt ins Freie säen.

Pflanzzeit: Sommerporree von Anfang bis Mitte April ins Freiland setzen, Herbstporree von Ende Mai bis Mitte Juni und Winterporree von Juli bis Mitte August.

Anbau: Tiefgründige, humose Lehmböden mit genügend Feuchtigkeit. Lauch ist ein Starkzehrer und benötigt viel Kalium, was z. B. in Beinwellblättern enthalten ist. Pflanzen regelmäßig anhäufeln. Dreijährigen Fruchtwechsel einhalten!

Pflanzenschutz: Zum Schutz vor der Lauchfliege Kulturschutznetze ausbringen.

Ernte: Sommerporree im August, Herbstporree von September bis November, Winterporree den ganzen Winter über bis März.

3. Beet im Juli

Sobald die Zwiebeln abgeerntet sind, können wir die Reihen noch für den Anbau von Feldsalat nutzen.

Erdbeeren und Salat

Benötigte Pflanzen oder Saatgut: Erdbeeren, Zwiebeln, Spinat, Salat, Feldsalat.

Mit Spinat

1. Beet im März

Wir legen unser Erdbeerbeet so an, dass jede Erdbeerpflanze 30 cm zur Nachbarpflanze und ca. 50 cm zur nächsten Reihe hat. Zwischen die Erdbeerreihen bzw. an den Rand pflanzen wir Zwiebeln und Spinat.

Pflanzen-Legende

1 Erdbeere

2 Zwiebel

3 Spinat

4 Salat

5 Feldsalat

2. Beet im Mai

Sobald der Spinat abgeerntet ist, nutzen wir die Reihe für den Anbau von Salat.

Einfach Erdbeeren anbauen

Anbau: Kultur-Erdbeeren gedeihen am besten in der vollen Sonne auf einem leicht sauren Boden. Die Wild-Erdbeere wächst auf Kalkboden unter Sträuchern oder als flachwurzelnder Bodendecker. Zur Vorbereitung eines neuen Beetes solltest du dieses gut lockern und mit Hornmehl bzw. abgelagertem Pferdemist anreichern. Junge Pflanzen fest andrücken und ausreichend feucht halten.

Ernte: Immer wieder die reifen Früchte mit Stiel abernten. Sortenabhängig beginnt die Ernte fortlaufend im Mai bis Juli, Monats-Erdbeeren von Mai bis September.

Verwendung: Neben frisch „von der Hand in den Mund" sind Erdbeeren auch in Kuchen und als Kompott, Marmelade, Bowle und Eis lecker.

3. Beet im August

Nach der Ernte von Salat und Zwiebeln können wir nun diese Reihen für den Anbau von Feldsalat nutzen.

Auf einen Blick

Salat selbst anbauen

Bei geschickter Planung mit versetzten Aussaatzeiten und richtiger Sortenwahl lässt sich Salat fast das ganze Jahr über bei einer Kulturdauer von ca. zwölf Wochen anbauen und ernten.

Aussat

Die Voranzucht erfolgt auf der Fensterbank oder im Gewächshaus – je nach Sorte bereits ab Februar.

Pflanzzeit

März bis September.

Anbau

Der Mittelzehrer stellt keine hohen Ansprüche. Ideal ist ein tiefgründiger, gelockerter, humusreicher und stickstoffarmer Boden. Nach den frühen Pflück- und Kopfsalaten bieten sich schossfeste Sommersalate für den weiteren Anbau an. Im Herbst und Winter lassen sich noch Endivie, Winterkopfsalat und Feldsalat ernten.

(1) Kopfsalat

Bekanntester Salat. Bildet feste Köpfe. Ernte von Mai bis Oktober. Zu empfehlen ist ein Anbau im Frühjahr und Herbst, im Sommer neigt der Kopfsalat dazu zu schießen. Sorten: 'Maikönig', 'Luna', 'Larissa'.

(2) Pflücksalat

Bei diesen Sorten kann den ganzen Sommer über von den gleichen Pflanzen geerntet werden. Die roten Sorten werden von den Schnecken etwas weniger gefressen. Sorten: 'Salad Bowl', 'Red Salad Bowl'.

(3) Schnittsalat

Etwa sechs Wochen nach der Aussaat können schon die ersten Blätter und dann weitere drei- bis viermal geerntet werden. Sorten: 'Witte Dunsel', 'Gelber Krauser'.

(4) Endivie

Ernte von Mai bis November. Hoher Mineralstoff- und Vitamingehalt. Sorten: 'Wallonne', 'Grüner Escariol', 'Bubikopf', 'Große Pancalière'.

(5) Feldsalat

Späte Feldsalat-Aussaaten im Herbst können auch überwintern und im Spätwinter geerntet werden. Sorten: 'Dunkelgrüner Vollherziger', 'Holländischer Breitblättriger', 'Verte de Cambrai'.

(6) Asia-Salate

Diese Salate liegen im Trend der jungen, leichten, kalorienarmen und schmackhaften Küche. Sie sind kältetolerant (bis –5 °C), sodass bis in den Winter hinein geerntet werden kann. In Saatmischungen sind vor allem 'Misome', 'Mizuna', 'Komatsuna Green Boy' und 'Mustard Red Giant' enthalten. Sie unterscheiden sich durch sehr unterschiedliche Blattformen und Blattfarben. Genutzt werden die jungen Blätter, die aufgrund der enthaltenen Senföle sehr würzig schmecken, roh als Salat oder gekocht. Anbauzeit drei bis sieben Wochen.

1

2

3

4

5

6

Zucchini und Salate

Benötigte Pflanzen oder Saatgut: Radieschen, zwei Zucchinipflanzen, Schnittsalat, Asia-Salate, Winterspinat, Postelein oder Feldsalat.

Mit Radies & Spinat

1. Beet im März

Im März säen wir an den Rändern Radieschen und Schnittsalat. Zu dieser Zeit decken wir das Beet mit der Wärmeabdeckung ab.

2. Beet im Mai

Nach den Eisheiligen pflanzen wir zwei vorgezogene Zucchinipflanzen in einem möglichst großen Abstand auf das Beet. Solange die Zucchinipflanzen noch im Wachsen sind, können wir den Schnittsalat ernten. Voll entwickelte Zucchinipflanzen beschatten das gesamte Beet und unterdrücken jetzt alles andere.

3. Beet im August/September

Wenn die Zucchinipflanzen abgeerntet sind, säen wir Winterspinat ('Winterriesen' oder 'Verdil'), verschiedene Asia-Salate, Postelein oder Feldsalat. Es entsteht ein Winterbeet, das mit einer Abdeckung lange bis in den Winter genutzt werden kann.

Pflanzen-Legende

1 Radieschen

2 Schnittsalat

3 Zucchini

4 Winterspinat

5 Asia-Salate

6 Postelein/Feldsalat

ZUCCHINI

LEICHTER ANBAU

Tiefgründiger, gut gelockerter, humusreicher Boden. Immer zwei Pflanzen nebeneinander setzen (Fremdbefruchtung). Während der Wachstumsphase zweimal mit Brennnessel- bzw. Beinwelljauche oder Smoothie im Wurzelbereich düngen (Starkzehrer!). Mulchschicht aufbringen. Hoher Wasserbedarf. Leckere Sorten sind 'Cocozelle von Tripolis', 'Gold Rush'.

AUSSAAT & PFLANZUNG

Aussaat: Ab April in Töpfen vorziehen, Direktsaat ab Mai möglich.

Pflanzzeit: Ab Mitte Mai auspflanzen. Vor Nachtfrösten schützen.

Zucchinifrüchte sollten nicht zu groß wachsen und bei max. 20 cm Länge geerntet werden. Dadurch wird auch das Wachstum angeregt und letztendlich erntet man sogar mehr: Zucchinipflanzen tragen umso mehr, je öfter sie beerntet werden.

MEHLTAU VORBEUGEN

Pflanzen werden oft vom Echten Mehltau befallen. Befallene Blätter sofort entsorgen und Pflanzen zur Vorbeugung mit Schachtelhalmtee oder -jauche spritzen.

LANGE ERNTEZEIT

Juli bis September. Esse auf keinen Fall eine bitter schmeckende Zucchini, denn bei ihr besteht die Gefahr, dass sie den Bitterstoff Cucurbitacin enthält, der die Schleimhaut im Magen-Darm-Bereich schädigen kann. Das Gleiche gilt auch für Gurken und Kürbisse. Der Bitterstoff ist aus Kürbisgewächsen eigentlich herausgezüchtet worden. Durch Rückmutationen und -kreuzungen können einzelne Früchte das Gift aber enthalten. Ziehe keine Zucchinipflanzen aus eigenen Samen!

GEMÜSEZWIEBEL

ANBAU

Sonniger, durchlässiger, humusreicher und tiefgründiger Boden. Der bevorzugte Anbau erfolgt über Steckzwiebeln. Diese werden fest in den Boden gedrückt, sodass nur die Spitze noch zu sehen ist. Nur bei Trockenheit gießen. Boden zwischen den Reihen immer wieder lockern. Während der Wachstumsphase nicht mehr düngen (Mittelzehrer). Vierjährigen Fruchtwechsel einhalten!

AUSSAAT & PFLANZUNG

Aussaat ab Januar bis März direkt ins Beet, Saatreihen mit gut verrottetem Kompost versorgen.

Pflanzzeit: Steckzwiebeln ab März im Abstand von ca. 10 cm. Steckzwiebeln nur so tief in den Boden stecken, dass ein Drittel der Zwiebeln aus dem Boden herausragt. Übrig gebliebene Steckzwiebeln vom Frühjahr können noch bis zum August gesteckt werden.

Aus frischen Zwiebeln, Lauch, Karotten, Knoblauch, Sellerie, Pastinaken und Kräutern lässt sich in einem Mixer zerkleinert mit 12 g Salz pro 100 g Masse eine Gemüsebrühe herstellen. In Twist-Off-Gläsern hält sich die Masse im Kühlschrank über ein halbes Jahr.

PFLANZEN SCHÜTZEN

Falscher Mehltau und Zwiebelfliegen können den Pflanzen zu schaffen machen. Der beste Schutz gegen die Zwiebelfliege ist ein entsprechendes Schutznetz.

ERNTEZEIT AB JUNI

Sobald das Laub vollständig gewelkt ist, sind die Zwiebeln erntereif. Boden mit Grabegabel lockern und Zwiebeln herausziehen. Zum Lagern müssen die Zwiebeln vorher gut getrocknet werden. Zwiebeln sind sehr gesund, sie enthalten Kalium, Calcium, Magnesium und Vitamin C. Gute Sorten sind 'Allround', 'Borettana', 'Dorata di Bologna', 'Dunkelblutrote Braunschweiger', 'Stuttgarter Riesen', 'Sturon', 'Zittauer Gelbe'.

Zucchini und Zwiebeln

Benötigte Pflanzen oder Saatgut: Steckzwiebeln, zwei Zucchinipflanzen, Spinat.

Mit Spinat

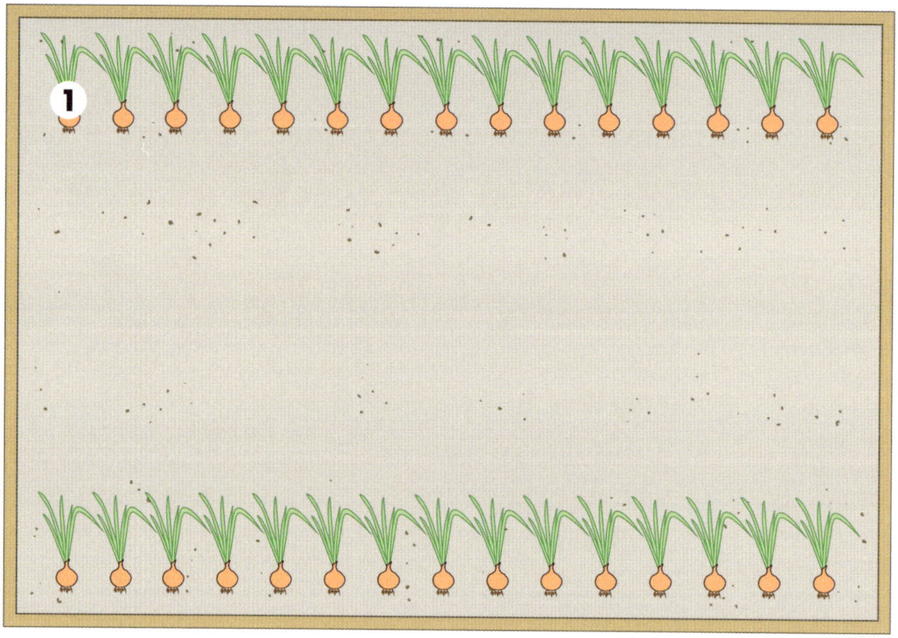

1. Beet im März

Im März stecken wir an den Rändern Steckzwiebeln. Zu dieser Zeit decken wir das Beet mit der Wärmeabdeckung ab. Die frischen grünen Blätter, die sogenannten Schlotten, können wir wunderbar in der Küche nutzen.

Pflanzen-Legende

1 Steckzwiebel

2 Zucchini

3 Winterspinat

2. Beet im Mai

Nach den Eisheiligen pflanzen wir zwei vorgezogene Zucchinipflanzen in einem möglichst großen Abstand auf das Beet. Solange die Zucchinipflanzen noch im Wachsen sind, können wir die Schlotten der Zwiebeln ernten. Voll entwickelte Zucchinipflanzen beschatten das gesamte Beet und unterdrücken die Zwiebeln. Die jungen und zarten Zwiebeln werden geerntet, weil sie nicht mehr weiterwachsen und zum Faulen neigen.

3. Beet am Ende der Kulturzeit

Nach Ende der Kulturzeit säen wir auf das gesamte Beet breitwürfig Winterspinat, der über den Winter dortbleiben kann.

GEMÜSE IN DEN MUSTERBEETEN

Hier erfährst du, was du über den Anbau und die Ernte von den Gemüsen unbedingt wissen solltest, die in den entsprechenden Musterbeeten verwendet wurden.

MÖHRE, KAROTTE

— *Aussaat von Februar bis Juni*

ANBAU Saattieefe 1,5 cm, Radieschen als Markiersaat mit aussäen, nach dem Auflaufen ausdünnen. Ideal sind Saatbänder. Tiefgründiger, lehmiger Boden, gleichmäßig feucht halten. Dreijährigen Fruchtwechsel einhalten.

PFLANZENSCHUTZ Mit Vlies gegen die Möhrenfliege schützen. Keinen halbverrotteten Kompost geben!

ERNTE Von Juni bis November (je nach Sorte) vorsichtig mit der Grabegabel ernten.

PASTINAKE

— *Aussaat von März bis April*

ANBAU Saattiefe 2 bis 3 cm, vorher Keimprobe. Markiersaat z. B. mit Radieschen sinnvoll. Sämlinge auf 10 bis 15 cm Abstand ausdünnen. Tiefgründiger, lockerer Boden. Junge Pflanzen gut gießen, da sie schnell welken.

PFLANZENSCHUTZ Vlies gegen die Möhrenfliege.

ERNTE Ab Oktober. Pastinaken sind frosthart und können abgedeckt und bei frostfreiem Boden mit einer Grabegabel auch noch im Winter geerntet werden. Lagern wie Möhren. Die Kälte macht sie süßer und milder.

RADIESCHEN

— *Aussaat Februar bis Ende August*

ANBAU 1 cm tief säen. Saatreihen mit gesiebtem Kompost abdecken. Später auf ca. 5 cm Abstand vereinzeln. Humusreicher, gelockerter Boden. Schwachzehrer. Bei Trockenheit werden Radieschen hart und schärfer, deshalb regelmäßig gießen und Boden lockern.

PFLANZENSCHUTZ Vliese halten Erdflöhe fern.

ERNTE April bis September, an Tagen, an denen einige Stunden vorher die Sonne schien. Im Kühlschrank bleiben sie ohne Laub bis zu 48 Stunden frisch.

Auf einen Blick

Rote Bete selbst anbauen

Gut ausgereifte Rote Bete haben eine sehr gute Lagerfähigkeit, sie können kühl und frostfrei in Sand oder im Erdlager, zum Beispiel im Rahmenbeet, eingeschlagen werden. Sie halten so fünf bis sechs Monate.

Aussaat

April bis Juni. Bevorzugt direkt ins Beet säen, dann sind die Pflanzen stabiler. Nach der Keimung ausdünnen und nur die kräftigsten Pflanzen weiterwachsen lassen.

Pflanzzeit

Mai bis August.

Anbau

Tiefgründige, humose Lehmböden sind ideal. Vor der Pflanzung das Beet mit reifem Kompost und Gesteinsmehl versorgen. Das Kaliumbedürfnis der Pflanzen ist sehr hoch (Mittelzehrer). Zur guten Nährstoffversorgung kann man ab der Knollenbildung alle zwei bis drei Wochen verdünnte Beinwell- oder Brennnesseljauche ins Gießwasser geben. Keine triebigen, raschwirkenden Dünger oder Stallmist verwenden! Hierdurch würde der Nitratgehalt in den Blättern und Knollen steigen. Beete mulchen und Pflanzen bei Trockenheit gießen.

Pflanzenschutz

Rote Bete ist für Schädlinge und Krankheiten wenig anfällig.

Ernte

August bis Oktober. Knollen vorsichtig aus dem Boden ziehen, damit sie nicht verletzt werden und „bluten". Etwa 5 cm des Krauts stehen lassen. Verwendung roh, als Saft, Gemüse oder auch zum Einwecken.

Gute Nachbarn

Bohnen, Bohnenkraut, Dill, Kohlrabi, Möhren, Pastinaken, Salat, Zwiebeln.

Sorten

'Albina Vereduna', 'Ägyptische Plattrunde', 'Crapaudine', 'Erfurter Lange', 'Formanova', 'Forono', 'Rote Dunkellaubige', 'Rote Kugel', 'Tondo di Chioggia' (Ringelbeete).

Auf einen Blick

Knollensellerie

Knollensellerie kann in Sand eingeschlagen oder in der Erdmiete gelagert werden. Im Kühlschrank im feuchten Tuch eingeschlagen ist er bis zu zwei Wochen haltbar.

Aussaat

Vorkultivieren ab März auf der Fensterbank bei mindestens 16 °C.

Pflanzzeit

Ende Mai, nach den Eisheiligen. Pflanzabstand 40 cm. Darauf achten, dass sich das Herz oberhalb des Bodens befindet, damit sich schöne große Knollen entwickeln können.

Anbau

Sellerie liebt nährstoff- und humusreiche Erde sowie eine kontinuierliche Feuchtigkeit. Vor der Pflanzung empfiehlt sich eine Kompostgabe (Starkzehrer!). Sellerie flach pflanzen, da sich sonst keine schönen Knollen bilden. Auf keinen Fall anhäufeln! Wenn die Knolle die Größe einer Walnuss erreicht hat, wird die Erde im oberen Drittel der Knolle abgetragen, sodass die Knolle freiliegt. Das regt das Wachstum der Knolle an. Im Sommer regelmäßig gießen und den Boden lockern. Mindestens dreijährigen Fruchtwechsel einhalten!

Pflanzenschutz

Die häufigste Krankheit ist die Septoria-Blattfleckenkrankheit, die sich durch hellbraune bis graubraune Flecken zeigt. Zur Vorbeugung nicht mit kalten Wasser gießen, bei feuchter Witterung Pflanzen mit Schachtelhalmbrühe spritzen, Pflanzabstand einhalten.

Ernte

Juli bis November. Sobald die äußeren Blätter vergilben, ist der Knollensellerie ernte-reif.

Gute Nachbarn

Bohnen, Kohlarten, Lauch, Pastinaken, Spinat, Tomaten, Zwiebeln.

Sorten

'Alba', 'Ibis', 'Magdeburger Markt', 'Mars', 'Monarch'.

Auf einen Blick

Stangensellerie

Stangensellerie ist im Gegensatz zu Knollensellerie frostempfindlich und sollte daher vor dem ersten Nachtfrost geerntet werden. Er ist lecker in Winter-Smoothies.

Aussaat

Vorkultivieren ab März auf der Fensterbank.

Pflanzzeit

Mitte/Ende Mai, nach den Eisheiligen.

Anbau

Sellerie liebt nährstoff- und humusreiche Erde sowie eine kontinuierliche Feuchtigkeit. Regelmäßig mulchen. Vor der Pflanzung empfiehlt sich eine Kompostgabe. Sellerie im Laufe der Kulturzeit anhäufeln. Starkzehrer. Mindestens dreijährigen Fruchtwechsel einhalten. Junge Pflanzen sind recht empfindlich gegenüber Kälte.

Pflanzenschutz

Man setzt die Jungpflanzen möglichst nicht tiefer, als sie zuvor im Topf gestanden haben. Die bedeutendste Krankheit ist die Septoria-Blattfleckenkrankheit, die sich durch hellbraune bis graubraune Flecken zeigt. Zur Vorbeugung nicht mit kaltem Wasser gießen, bei feuchter Witterung Pflanzen mit Schachtelhalmbrühe spritzen, Pflanzabstand von mindestens 30 cm einhalten.

Ernte

Ab September. Ganze Pflanze samt Wurzel aus der Erde ziehen. Zur Lagerung die Stängel in einer Kiste mit feuchtem Sand einschlagen, dafür Stängel etwa 10 cm über den ersten Blattverzweigungen abschneiden und diese bis zum Herz in Zeitungspapier einwickeln.

Sorten

'Tall Utah', 'Tango', 'Giant Pascal', 'Roter Stiel', 'Solid White'.

Gute Nachbarn

Bohnen, Kohlarten, Lauch, Pastinaken, Spinat, Tomaten, Zwiebeln.

KOHL

GRÜNKOHL

— *Aussaat Mai/Juni*

PFLANZZEIT Juni/Juli

ANBAU Tiefgründiger, nährstoffreicher Boden mit hohem Humusanteil. Vor der Pflanzung Kompost einarbeiten. Pflanzen anhäufeln. Dreijährige Fruchtfolge einhalten.

PFLANZENSCHUTZ Pflanzen mit Vlies abdecken oder mit Kohlkragen schützen.

ERNTE Ab Ende September, nach einigen Frostnächten. Frostfeste Sorten bis Februar/März abernten.

ROSENKOHL

— *Aussaat ab Anfang April*

PFLANZZEIT Ab Mitte April bis Ende Juni.

ANBAU Tiefgründiger, nährstoffreicher Boden mit hohem Humusanteil. Pflanzen anhäufeln. Beete regelmäßig hacken. Dreijährigen Fruchtwechsel einhalten.

PFLANZENSCHUTZ Mit Vlies zum Schutz vor Kohlschädlingen abdecken oder Pflanzen mit einem Kohlkragen schützen.

ERNTE Je nach Sorte ab Ende September/Oktober bis Februar/März nach leichtem Frost.

KOHLRABI

— *Aussaat Februar bis August*

PFLANZZEIT März bis Juli, bei etwa 10 cm Größe. Pflanz-/Reihenabstand 30/30 cm.

ANBAU Lockerer, nährstoffreicher Boden mit hohem Humusanteil. Vor der Pflanzung reifen Kompost einarbeiten. Anhäufeln. Etwa alle 14 Tage zeitversetzt auspflanzen, um immer wieder frisch zu ernten.

PFLANZENSCHUTZ Pflanzen mit Vlies abdecken.

ERNTE Mai bis November. Kohlrabiknollen nicht zu spät ernten.

MUSTERBEET-INFOS

Auf den folgenden Seiten bekommst du die wichtigsten Infos zur Beetvorbereitung und Pflanzung von Kräutern, bevor wir dir zeigen, wie du mit Musterbeeten einfach Kräuter anbauen kannst. Die Beete bieten etwa 5 m² Platz.

Kräuter-Musterbeete

Ein- und zweijährige Kräuter sind meist starkwüchsig und robust. Sie können direkt im Beet ausgesät werden. Und auch selbst gezogene oder gekaufte Pflanzen müssen irgendwann in den Garten gesetzt werden.

BODEN VORBEREITEN

Das Wichtigste im Garten ist ein gesunder und lebendiger Boden. Dank guter Pflege gibt es in jedem Jahr eine reiche Ernte und der Boden wird dabei auch noch nachhaltig verbessert.

Schwere Böden umgraben

Besonders schwere Böden neigen zum Verdichten und sollten daher regelmäßig gelockert werden. Besonders wirksam ist das Umgraben, denn dabei gelangt viel Sauerstoff in tiefere Schichten des Bodens. So wird das Bodenleben aktiviert und der Boden wird humoser. Die Beete werden am besten im Herbst umgegraben und bleiben über Winter brach liegen. Wird es dann frostig, zerfallen die Erdschollen und der Boden wird schön krümelig. Schwere Böden werden besser, wenn beim Umgraben regelmäßig Sand und Kompost eingearbeitet werden.

Sauzahn – nur für leichte Böden

Der Sauzahn, ein großer Haken am langen Stiel, dringt beim Ziehen in die Erde ein und lockert diese tief. Er wird kreuz und quer und auch diagonal durch den Boden gezogen, so gelangt Luft in die unteren Bodenschichten und die Pflanzenwurzeln haben es später leichter.

Bodenverbesserer Nr. 1

Böden werden durch die regelmäßige Bearbeitung ständig optimiert. Noch besser werden sie durch wiederholte Kompostgaben. So wird das Bodenleben aktiv gehalten und zersetzt Kompost zu Nährstoffen.

Gründünger, wo immer es geht!

Um der Bodenerosion durch Wasser und Wind entgegenzuwirken, sollten freie Gartenbeete nicht lange brach liegen. Säe lieber Gründüngerpflanzen wie Phacelia oder Senf aus – das lohnt sich auch schon für kurze Zeit. So bleibt das Bodenleben aktiv, der Wasserhaushalt ist gut reguliert und dem Boden wird organische Masse zugefügt.

Bild links oben:
Nur gesunde und kräftige Kräuter kommen für die Pflanzung infrage, denn nur sie haben starke Wurzeln und sind frei von Krankheiten und Schädlingen.

Bild links unten:
Bei der Pflanzung zuerst den Pflanzabstand festlegen und entsprechende Löcher ausheben. Sie sollten größer als der Topfballen sein.

1

2

3

Hacken und harken

Vor dem Säen und Pflanzen wird die Erde fein geharkt. So wird die Erdoberfläche noch einmal aufgerissen und größere Erdbrocken werden zerkleinert. Es entstehen feine Saat- und Pflanzbeete, auf denen sich die Kräuter wohlfühlen. Das Harken und später auch Hacken ist wichtig, um unerwünschte keimende Wildkräuter am Wachstum zu hindern und Wasser zu sparen. Bei aufgelockerter Erdoberfläche kann nicht mehr so viel Wasser aus tieferen Bodenschichten verdunsten und steht damit den Pflanzen zur Verfügung.

AUSSAAT DIREKT IM BEET

Viele einjährige Kräuter wie Kapuzinerkresse, Ringelblume oder Kamille wachsen sehr schnell und haben eine kurze Kulturzeit – daher lohnt sich eine Vorkultur im Topf nicht. Diese Kräuter werden am besten direkt im Freiland ausgesät und wachsen an Ort und Stelle. Wichtig ist, dass sich die Erde schon vor der Aussaat gut erwärmt hat und der Boden vorbereitet ist. Zweijährige Pflanzen wie Kümmel, Fenchel oder Malven werden am besten im Sommer im Freiland ausgesät. Die Zweijährigen keimen im Sommer schnell und bilden bis zum Herbst

kräftige Blattrosetten. Sie blühen erst im nächsten Jahr.

DIE PFLANZUNG

Die Pflanzung von Kräutern bedarf ein wenig Vorbereitung. Die Kräuter sollten abgehärtet und der Boden aufgelockert sein. Das Abhärten von Pflanzen wird erforderlich, wenn diese zuvor im Gewächshaus oder auf der Fensterbank gewachsen sind.
Die Blätter der Pflanzen vertragen noch keine UV-Strahlung, darum sollten sie für einige Tage im Freiland in den Schatten gestellt werden. Wichtig ist es, auch darauf zu achten, dass nur gesunde Kräuter für die Pflanzung ausgesucht werden. Vor dem Auspflanzen werden die Töpfe gut gewässert. Im Beet werden die Pflanzen entsprechend ihrem benötigten Pflanzabstand auf dem Beet verteilt und mit der Pflanzschaufel oder dem Spaten Löcher ausgehoben, die wenigstens doppelt so groß wie die Wurzelballen der Kräuter sind. Auf sehr schweren Böden wird der Unterboden zusätzlich ein wenig gelockert und mit Sand vermischt. Die Kräuter werden vorsichtig aus den Töpfen gehoben und in die Pflanzlöcher gesetzt. Die Pflanzen dürfen nicht zu hoch stehen und auch nicht in der Erde versinken. Anschließend wird das Pflanzloch so mit Erde gefüllt, dass ein kleiner Gießrand entsteht. Am Schluss wässert man die Pflanzen noch einmal und harkt das Beet gerade.

Wenn die Kräuter wuchern

Minzen, Beinwell oder Meerrettich wachsen sehr stark und bedrängen schnell ihre Nachbarn. Manche bilden so viele und kräftige Wurzelausläufer, dass die anderen Pflanzen regelrecht verdrängt werden. Da hilft nur eins: Diese Kräuter in Extrabeete oder Kübel pflanzen oder sie mit einer Rhizomsperre versehen. Eine Rhizomsperre ist eine unterirdische Wurzelsperre aus Blech, Wellplatten oder Kantensteinen und reicht wenigstens 40 cm, besser 60 cm tief in die Erde. Besonders einfach ist es, Teichfolie in Streifen zu schneiden und als Rhizomsperre zu nutzen. Natürlich können auch Töpfe oder Maurerkübel im Boden durchlöchert und als Wurzelsperre verwendet werden.

1. Für die Bearbeitung leichter Böden ist der Sauzahn perfekt: Er lockert den Boden tief, ohne die Bodenschichten zu wenden. So werden die Bodenorganismen am wenigsten gestört.

2. Kräuter vorsichtig aus den Töpfen heben. Leichtes Klopfen auf den Topfboden hilft, wenn die Kräuter zu stark eingewurzelt sind. Wurzelballen in das Pflanzloch halten. Wichtig ist, dass das Kraut nicht in der Erde verschwindet oder der Ballen zu hoch steht.

3. Das Pflanzloch mit lockerer Erde auffüllen. Vorsichtig andrücken und zu einem Gießrand formen. Nach dem Pflanzen die überschüssige Erde im Beet verteilen, anschließend gut wässern – fertig!

Vom Beet auf den Teller

Küchenkräuter lassen sich gut nach Themen sortiert in verschiedene Beete säen oder pflanzen. Themenbeete sehen attraktiv aus und die frischen Kräuter sind ganz praktisch zusammen zu ernten.

Vielfältig & bunt

1. Salatkräuter

In den Ecken wächst je 1 x Kapuzinerkresse.

Reihe 1: je 4 x Schnittlauch und Petersilie.

Reihe 2 und 4: je 4 x Salat.

Reihe 3: Dill wächst am höchsten. Er wird ausgesät und auf den Abstand von 25 bis 30 cm vereinzelt (hier 5 Pflanzen).

Reihe 5: je 4 x Kresse und Kerbel.

2. Kräuter für Suppen und Gemüse

Reihe 1: je 5 x Kerbel und Kümmel.

Reihe 2: links und rechts außen je 1 x Bohnenkraut.

In der Mitte ist viel Platz für 1 x Liebstöckel und 1 x Estragon.

Reihe 4: links außen 1 x Petersilie, rechts außen 1 x Majoran.

Reihe 5: 6 x Petersilie und 5 x Majoran.

3. Essbare Blüten

In den Ecken wachsen je 3 Ringelblumen, rankende Kapuzinerkresse, Veilchen und Rot-Klee.

In der Mitte stehen 4 hohe Kosmeen.

Diese werden von
3 Borretsch (links),
3 Kornblumen (oben),
4 Anis-Ysop (rechts) und
3 Färberdisteln (unten)
eingerahmt.

Leckere Kosmeen anpflanzen

Aussehen: Einjährig, aufrecht, verzweigt, bis zu 1,50 m hoch. Rosa, magentarote, hellgelbe oder weiße Körbchenblüten von Juni bis November.

Boden: Nährstoffreich.

Pflege: Aussaat ab April auf der Fensterbank oder direkt im Beet. Pflanzabstand 30 x 40 cm, während der Blüte weniger düngen.

Ernte & Verwendung: Blüten im Sommer, die Blütenblätter eignen sich für Salate, Kräuterbutter und Süßspeisen oder zur Dekoration.

Mediterran genießen

Mediterrane Kräuter sind besonders aromatisch und erinnern uns an den Urlaub im Süden. Sie mögen besonders sonnige Beete und auf gar keinen Fall staunasse Böden.

Pizza & Pesto

1. Pizzakräuter

In den oberen 2 Reihen wachsen 10 Rucola-Pflanzen. Sie werden ab und zu nachgesät und geben der Pizza frische Schärfe.

In der Mitte stehen mehrjährige Pflanzen in Gruppen:
links 3 x Oregano,
in der Mitte 5 x Knoblauch und
rechts 3 x Ysop.

Unten links wachsen 5 x Steckzwiebeln und rechts unten werden 5 x Basilikum gepflanzt.

2. Kräuterbeet für Marinaden

Marinaden sind das A & O für Fleisch- und Fischgerichte. Die mehrjährigen Kräuter werden in Reihen gepflanzt.

1. Reihe: links 3 x Rosmarin, rechts 3 x Ysop.

Mittlere Reihe: 7 x Knoblauch, flankiert von je 1 x Thymian am Rand.

3. Reihe: 3 x Berg-Bohnenkraut und 3 x Salbei.

3. Kräuter für Pesto

In die ersten Reihen werden links 5 x Petersilie und rechts 5 x Schnittlauch gepflanzt.

In der Mitte stehen die Mehrjährigen:
links 3 x Oregano,
rechts 6 x Knoblauch.

In der unteren Reihe werden links 5 x Rucola gepflanzt und rechts 5 x Basilikum (beide immer wieder nachpflanzen).

Aromatischen Rucola kultivieren

Standort: Rucola ist recht anspruchslos und gedeiht auch auf mageren Böden. Eine regelmäßige Kompostgabe ist völlig ausreichend.

Anbau: Von April bis September in Reihen aussäen, mit ca. 15 bis 20 cm Reihenabstand. Während des Wachstums feucht halten.

Ernte: Rucola wächst sehr schnell und kann rasch geerntet werden – öfter nachsäen ist sinnvoll! Wird Rucola nicht rechtzeitig geerntet, treiben traubige Blütenstände mit weißen braun-violett geaderten Blüten. Lässt man die Samen reifen, breitet sich Rucola überall im Garten aus. Die attraktiven Blüten sind auch essbar.

Auf einen Blick

Basilikum selbst anbauen

Basilikum *(Ocimum basilicum)* gibt es in zahlreichen Sorten mit individuellen Charakteren. Die Sorten unterscheiden sich in Blattgrößen, Blattfarben und im Aroma. So können sie ganz unterschiedliche Speisen würzen.

Aussehen

Das einjährige Kraut wächst aufrecht und wird je nach Sorte 15 bis 60 cm hoch. Es verzweigt sich stark. Die Blätter sind je nach Sorte mehr oder weniger gesägt, zugespitzt, grün oder rot. Von Juni bis September bilden sich weiße oder bei rotblättrigen Sorten rosa Blüten.

Boden

Ideal sind nahrhafte, durchlässige, frische Böden.

Pflege

Ab März auf der Fensterbank bei Temperaturen von 20 °C aussäen (Lichtkeimer) und später im Halbschatten an die wärmste Stelle des Gartens pflanzen (25 x 25 cm). Alternativ auf der Fensterbank oder Terrasse im Topf weiterkultivieren. Während des Wachstums gut feucht halten, ohne die Blätter ständig mit kaltem Wasser zu benetzen. Das Entspitzen der Haupttriebe führt zu buschigem Wuchs.

Ernte und Verwendung

Junge Blätter und Triebe vor der Blüte. Frisches Basilikum passt gut zu Tomaten, Soßen, Pestos und Nudeln.
Wichtig: Bitte nur frisch verwenden und nur kurz oder am besten gar nicht mitkochen, das Kraut verliert beim Kochen oder Trocknen sein Aroma!

Sorten

① 'African Blue'

60 bis 100 cm hoch, verholzend, Blatt nur entfernt gesägt, grün mit purpurfarbener Zeichnung. Etwas herb im Geschmack, passt gut zu Tomaten, Pesto und Pasta. Die schön gezeichneten Blätter eignen sich zum Garnieren.

② Anis-Basilikum

Stängel rötlich, 40 bis 80 cm hoch, Blatt dunkelgrün. Gewürz für asiatische Gerichte und Süßspeisen. Teepflanze mit anisartigem Geschmack.

③ 'Ararat'

Aufrecht, 30 bis 60 cm hoch, stark verzweigt, Stängel rötlich, Blatt dunkelgrün mit purpurfarbener Zeichnung. Schön gescheckte Blätter mit sehr würzigem Geschmack, die sich besonders für die Garnierung von Speisen eignen.

④ 'Compatto'

Stängel rötlich, 30 bis 60 cm hoch, wächst besonders kompakt und ist sehr robust. Blatt im Austrieb kraus, grün.

⑤ 'Crispum'

20 bis 40 cm hoch, Blatt kraus, zart, grün. Benötigt ein wenig Windschutz. Sehr ertragreich, eignet sich besonders gut zum Würzen mediterraner Speisen.

⑥ 'Dark Opal'

30 bis 60 cm hoch, Blatt nur entfernt gesägt, tief purpurfarben. Aufgrund des herben Aromas sehr gut zur Herstellung von Kräutertees. Die dunklen Blätter sind sehr dekorativ.

1

2

3

4

5

6

Gegen vieles ist ein Kraut gewachsen

Kamille & Co.

Heilkräuter-Beete sind die Königsdisziplin der Kräutergärtner. Sie sind von großem Nutzen, besonders, wenn sie thematisch passend sortiert werden.

1. Anti-Bauchweh-Beet

In der Mitte ist Platz für je 1 hochwachsendes Kraut:
Wermut (links), Liebstöckel (Mitte), Fenchel (rechts).

Die obere Reihe wird mit 5 x Kümmel bepflanzt, an die Ränder kommt etwas versetzt je 1 x Schafgarbe.

Im unteren Bereich wird breitwürfig Kamille gesät (ca. 25 Pflanzen), an die Ränder kommen je 2 x Schafgarbe.

2. Erkältungsbeet

In der Mitte stehen große mehrjährige Pflanzen:
2 Königskerzen und daneben je 3 x Mädesüß (links) und Eibisch (rechts).

Oben links und unten rechts werden je 2 x Salbei gepflanzt, oben rechts und unten links je 2 x Thymian.

An den Rändern ist links und rechts Platz für je 3 x Spitzwegerich.

3. Frauenkräuterbeet

In der Mitte steht ein Liebstöckel. Darüber, darunter, rechts und links wird breitwürfig Kamille gesät.

Die Ecken werden mit je 3 x Schafgarbe (links oben), Frauenmantel (rechts oben), Salbei (links unten) und Melisse (rechts unten) bepflanzt.

Wohltuende Schafgarbe

Aussehen: Mehrjährig, aufrecht, bis zu 80 cm hoch, Ausläufer, von Juni bis September weiße Körbchenblüten.

Boden: Nahrhaft, gut durchlässig.

Pflege: Pflanzabstand 30 x 30 cm, mäßiger Wasser- und Nährstoffbedarf, im Herbst oder Frühjahr ganz zurückschneiden, Vermehrung über Aussaat (Lichtkeimer) oder Teilung des Wurzelstocks im Herbst.

Ernte & Verwendung: Im Frühjahr junge Blätter, im Sommer das blühende Kraut. In Tees bei leichten, krampfartigen Magen-Darm-Galle-Störungen, zur Appetitanregung oder bei Menstruationsbeschwerden.

Auf einen Blick

Thymian selbst anbauen

Echter Thymian *(Thymus vulgaris)* wirkt verdauungsfördernd, ein Tee hilft bei Entzündungen der oberen Luftwege. Er würzt frisch oder getrocknet in kleinen Mengen Fleisch- und Kartoffelgerichte, Suppen und Soßen.

Aussehen

Mehrjähriges Kraut mit immergrünen Blättern. Verholzt im unteren Bereich. Wächst polsterbildend und wird 10 bis 40 cm hoch. Kleine weiße oder lilarosa Blüten von Juni bis September.

Boden

Ideal sind durchlässige, kalkhaltigen Böden.

Pflege

Vorkultur ist ab März unter Glas möglich, Freilandaussaaten sollten erst im Mai erfolgen. Der Pflanzabstand beträgt abhängig von der Sorte ca. 20 x 20 cm. Gelegentlich wässern, kaum düngen, bei Bedarf im Frühjahr zurückschneiden. Vermehrung ist über Aussaat (Lichtkeimer), Absenker oder Stecklinge möglich.

Ernte & Verwendung

Bei Bedarf frische Triebe und Blätter ernten. Zum Anlegen von Wintervorräten das ganze Kraut zur Blütezeit schneiden, bündeln und trocknen.

Sorten

Silber-Thymian 'Argentus' hat weißbuntes Laub, der aromatische Zwerg-Thymian 'Compactus' ist sehr ertragreich, der Französische Thymian 'Chateau Queribus' hat einen knorrigen Wuchs und liebliches Aroma, Kugel-Thymian 'Fredo' ist für Kräuterhecken zu empfehlen.

Weitere Arten

(1) Sand-Thymian

10 bis 25 cm hohe robuste, heimische Art mit rosa Blüten. Kaum gießen oder düngen. Etwas weniger aromatisch als der Echte Thymian. Die Volksheilkunde verwendet Sand-Thymian als Hustenmittel und Badezusatz.

(2) Zitronen-Thymian

Bis zu 20 cm hohe Weiterzüchtung des Sand-Thymians mit rosa Blüten. Die Sorten unterscheiden sich durch ihre Laubfärbungen. Wird wegen seines feinen Aromas für Salate, Fisch und Soßen geschätzt, auch als Teepflanze und zum Aromatisieren von Honig.
Das Kraut zählt zu den beliebtesten Küchenkräutern. Sortentipps: 'Aureus' (gelbbuntes Laub, süßes Zitronenaroma), 'Golden Dwarf' (polsterbildend, gelbgrünes Laub, stark zitronig), 'Grün' (aufrecht, grünlaubig, schattenverträglich).

(3) Orangen-Thymian

Kompakte, aufrecht buschige 25 bis 30 cm hohe Art. Blüht von Juni bis August in Weiß bis Rosa. Wächst auch auf steinigen Böden. Winterschutz empfehlenswert. Die fruchtig-aromatische Teepflanze ist auch als Küchengewürz und für Süßspeisen geeignet.

(4) Kümmel-Thymian

Niederliegende, 15 bis 30 cm hoch wachsende Art, die selten blüht (rosa). Auch für steinige Böden geeignet. Winterschutz empfehlenswert. Küchenkraut mit Kümmel-Aroma für deftige Speisen, auch als Teepflanze zu verwenden.

1

2

3

4

Tee und Duft

Teekräuter schmecken am intensivsten frisch und werden gern zu Haustees verarbeitet, die unbedenklich auch in größeren Mengen getrunken werden können. Ein Duftbeet kann seine Wirkung am besten entfalten, wenn es warm und windgeschützt liegt.

1. Teekräuter-Beet

Teekräuter werden am besten in Reihen gepflanzt.

Die 1. Reihe (links) bietet Platz für 3 x Stevia zum Süßen der Tees.

In der 2. Reihe folgen 4 x Pfirsichsalbei und in der **3. Reihe** ist Platz für 2 Töpfe Zitronengras.

Die 4. Reihe ist für 3 Zitronenverbenen vorgesehen.

In der 5. Reihe folgen 4 x Pfirsichsalbei und ganz rechts ist Platz für 3 Pflanzen Melisse.

2. Duftendes Kräuterbeet

Lege das Beet am besten vor einer Mauer an – sie hält den Wind ab und speichert viel Wärme. Alternativ geht auch eine dichte Hecke.

3 x Muskateller-Salbei als höchstes Kraut wächst **in der Mitte** und wird von 3 x Weinraute, 1 x Eberraute, 3 x Katzenminze, 5 x Nachtkerze und 3 x Lavendel eingerahmt.

Sie könnten durch Rosmarin, Monarden, Melisse oder Thymian ersetzt werden.

Specials

7 Kräuter & Exoten

Für Frankfurter Grüne Soße braucht man ein Beet aus genau sieben Kräutern. Exotische Kräuter haben in der Regel ganz unterschiedliche Ansprüche an ihren Standort. Bei uns wachsen sie meist einjährig im Beet oder im Topf im frostfreien Raum.

1. Frankfurter Grüne Soße

Reihe 1: je 6 x Petersilie und Schnittlauch.

Reihe 2 und 4: je 5 x Borretsch (nach 4 Wochen kann nachgepflanzt werden).

Reihe 3: je 6 x Kleine Bibernelle und Sauerampfer.

Reihe 5: je 6 x Kerbel und Kresse.

2. Exotisches Beet

Für den besseren Überblick werden exotische Kräuter in Reihen gepflanzt.

Die Reihen rechts und links außen bieten Platz für je 5 x grün- und rotblättriges Basilikum.

In der 2. Reihe von links ist Platz für 6 x Schwarzkümmel, in der **3. Reihe** stehen 5 Frucht-Salbei.

Die 4. Reihe ist für 5 Schwarznesseln vorgesehen, **Reihe 5** für 6 x Koriander.

Auf einen Blick

Minze selbst anbauen

Minzen (*Mentha* spec.) gibt es in so vielen Sorten wie kaum eine andere Kulturpflanze. Stark mentholhaltige Sorten werden als Heilpflanzen verwendet, weniger mentholhaltige als Haustee.

Aussehen

Mehrjährig, dichtbuschig, Ausläufer treibend, 60 bis 80 cm hoch. Dunkelgrüne, teilweise rötlich überlaufene Blätter. Im Juli und August rosa bis violette Blüten.

Boden

Nahrhafte, feuchte Böden.

Pflege

Pflanzabstand 30 x 30 cm. Regelmäßig gießen und düngen. Wurzeln gelegentlich reduzieren und/oder Rhizomsperre einbauen, alternativ in Töpfen halten. Einige Sorten brauchen Winterschutz. Viele Formen nur durch Stecklinge oder Ausläufer vermehrbar.

Ernte und Verwendung

Junge Blätter und Triebe werden bei Bedarf geerntet. Zum Anlegen von Vorräten sollten ganze oberirdische Pflanzenteile kurz vor der Blüte geschnitten, gebündelt und getrocknet werden. Frische Blätter werden zum Würzen von Salaten, Soßen, aber auch für Süßspeisen verwendet. Pfefferminztee ist ein Hausmittel gegen Verdauungsbeschwerden. Das ätherische Öl mentholhaltiger Minzen wird zur Inhalation bei Erkältungskrankheiten verwendet – es hilft auch als schmerzlindernde Einreibung bei rheumatischen Beschwerden, Juckreiz, Kopfschmerzen und Erkältungskrankheiten. Vorsicht: Pfefferminzöl löst in seltenen Fällen allergische Reaktionen aus!

Arten und Sorten

(1) 'Dunkle Spearmint'

40 bis 90 cm hoch. Wird wegen ihres intensiven Aromas zur Zubereitung von Desserts, Tees und Likören verwendet.

(2) 'Eau de Cologne'

Wüchsig, gut frosthart, 40 bis 80 cm hoch. Ist wegen des lavendelartigen Aromas zur Herstellung von Kräuterbädern geeignet.

(3) 'Lemon'

30 bis 70 cm hoch. Säuerlich-fruchtiges Aroma für Obstsalate, Desserts und Mixgetränke.

(4) Orangen-Minze

Vital, 30 bis 80 cm hoch, neigt zum Wuchern. Ihr feines fruchtiges Aroma entfaltet sich am besten in durstlöschenden Tees.

(5) Schoko-Minze

Wüchsig, gut frosthart, 30 bis 60 cm hoch. Eignet sich wegen ihres süßlichen Aromas besonders zur Herstellung von Süßspeisen und Eis.

(6) 'White Peppermint'

Wüchsig, robust, 40 bis 80 cm hoch. Wegen ihres intensiven Aromas gut als Gewürz von Fleisch, Salaten und Gemüse.

Weitere Sorten

Apfel-Minze 'Bowles' (fruchtig, lieblich, mild), Bergamotte-Minze (erinnert an Earl-Grey-Tee), Marokkanische Minze (süß, kühlend, erfrischend).

1

2

3

4

5

6

Auf einen Blick

Lavendel anbauen

Die jungen Blätter vom Echten Lavendel *(Lavandula angustifolia)* würzen Fischgerichte, Eintopf und Geflügel – sparsam verwenden! Die Blüten eignen sich zur Garnierung von Süßspeisen oder zur Herstellung von Lavendelzucker.

Aussehen

Mehrjähriger, buschig verzweigter Halbstrauch, im unteren Bereich verholzend, 30 bis 60 cm hoch, immergrün mit länglichen Blättern. Von Juni bis September erscheinen Ähren mit blauvioletten Lippenblüten.

Boden

Warme, trockene, durchlässige, etwas kalkhaltige Böden.

Pflege

Pflanzabstand etwa 30 x 30 cm, gelegentlich gießen und düngen, Staunässe ist unbedingt zu vermeiden. Verblühtes entfernen. Ein Rückschnitt erfolgt im Frühjahr bis in das alte Holz. Bei rauem Klima ist Winterschutz zu empfehlen. Vermehrung über Stecklinge vor der Blüte oder Aussaat im Frühjahr (Lichtkeimer).

Ernte und Verwendung

Junge Blätter können während der gesamten Vegetationsperiode geerntet werden, Blütenstiele nach dem vollständigen Aufblühen. Blüten helfen in Teemischungen bei Unruhe, Einschlafstörungen sowie bei Migräne und sind auch wirksam gegen Motten.

Sorten & weitere Arten

① 'Blue Cushion'

Sorte mit leuchtend blauen Blüten. Sie wächst sehr kompakt und eignet sich daher besonders gut für Kräuterhecken.

② 'Imperial Gem'

Wüchsige, große Sorte. Lange Blütenstiele mit haltbaren Blüten.

③ 'Rosea'

Sorte mit hellrosa Blüten und kompaktem Wuchs. Sehr aromatischer Duft.

④ Zahn-Lavendel

Groß und buschig wachsend, die Blätter haben gezähnte Ränder. Blüht hellblau und duftet harzig. Nur für die Topfkultur geeignet. Frostfrei überwintern. Tee- und Räucherpflanze.

⑤ Speik-Lavendel

Wird etwas größer als Echter Lavendel und die Blätter sind auch etwas länger. Verzweigte Blütenstände. Frostfrei überwintern, da die Art nur Frost bis -5 °C verträgt.

⑥ Provence-Lavendel

Optisch kaum zu unterscheidende Kreuzung aus Echtem Lavendel und Speik-Lavendel. Die Kreuzung ist ab -10 °C frostempfindlich, daher ist eine Überwinterung im Freien nur in milden Gegenden ohne Winterschutz möglich. Empfehlenswerte Sorten sind 'Alba', 'Bleu de Collines', 'Blue Dwarf', 'Dutch', 'Felibre', 'Grosso', 'Julien', 'Speciale' und 'Sumian'.

Weitere Sortentipps

Echter Lavendel: 'Alba', 'Hidcote Blue' (kompakt, für Hecken), 'Maillette' (lange blühend, starkes Aroma).

1

2

3

4

5

6

Naturnahe Wildkräuter-Beete

Wildkräuter-Beete bringen ein Stück echte Natur in den Garten. Sie sind für unsere Insektenwelt von größtem Nutzen.

Für Biene & Co.

1. Sonniges Beet

In der Mitte ist immer der beste Platz für die größten Pflanzen. Hier werden 5 Mariendisteln und 4 Königskerzen gepflanzt.

Oben links ist Platz für 4 Wegwarten, die über die Ecke gepflanzt werden. Oben rechts, ebenfalls über Eck gepflanzt, stehen 4 x Johanniskraut.

Unten links 4 x Seifenkraut und unten rechts 4 x Färber-Kamille.

2. Schattenkräuter-Beet

In der Mitte stehen 3 Knoblauchsrauken.

Oben links ist Platz für 5 x Waldmeister, oben rechts für 4 x Bärlauch.

An den Rändern rechts und links stehen je 4 Pflanzen Lungenkraut.

Unten ist Platz für 5 x Gundermann (links) und 5 x Wald-Erdbeeren (rechts).

3. Bienen-Beet

Wildkräuter-Beete werden am besten naturnah gepflanzt.

In der Mitte stehen locker verteilt 4 x Mariendistel, flankiert von 3 x Borretsch und 3 x Malve.

An den Rändern stehen rechts und links je 2 bis 4 x Buchweizen.

In den Ecken oben links und unten rechts wachsen je 3 bis 4 x Senf und oben rechts sowie unten links je 2 bis 3 x Klee.

Wilde Malve einfach anbauen

Aussehen: Zweijährig, straff aufrecht, stark verzweigt, bis zu 120 cm hoch. Violettrosa Blüten von Juni bis September.

Boden: Nahrhaft, gut durchlässig, kalkhaltig.

Pflege: Aussaat auf der Fensterbank im Frühjahr, im Beet auf 30 x 30 cm auspflanzen, gelegentlich gießen und düngen.

Ernte & Verwendung: Junge Blätter im Frühjahr, im Sommer einzelne Blüten oder das ganze Kraut schneiden und trocknen. Junge Blätter als Beigabe zu Salat oder Gemüse. Blüten als Kaltauszug bei Entzündungen der oberen Luftwege und Schleimhautentzündungen.

Mischkultur mit Gemüse

Kräuter haben verschiedene Inhaltsstoffe und sind für die Anlage von Mischkulturen mit Gemüse gut geeignet. Kräuter vertreiben Krankheiten und Schädlinge aus dem Gemüsebeet.

Für gesunde Pflanzen

1. Bunte Mischung mit Erdbeeren

In Mischkulturen wachsen Erdbeeren besonders gut und bleiben gesund.

Die 1. Reihe bietet Platz für 5 Erdbeerpflanzen, in der **2. Reihe** folgen 6 Kopf- oder Pflücksalate.

In der Mitte stehen 3 Ringelblumen und 2 Borretsch im Wechsel.

In der 4. Reihe steht wieder Salat und **in der 5.** stehen noch einmal Erdbeeren.

2. Möhren und Salate

Möhren und Salate wachsen sehr gut in Kombination mit Kräutern. Diese Mischkultur hilft, Schädlinge aus dem Beet zu vertreiben.

Reihe 1 bietet Platz für 7 x Schnittlauch.

Reihe 2 für 7 x Möhren.

In der mittleren Reihe stehen 6 x Dill, denn er wächst am höchsten.

In der 4. Reihe folgen wieder 7 x Möhren und in der **5. Reihe** 7 x Pflücksalat.

3. Tomatenbeet

Tomaten wachsen gut in Kombination mit Kräutern.

Reihe 1 bietet Platz für 9 x Petersilie, in der **2. Reihe** werden 4 Tomaten abwechselnd mit 5 x Basilikum gepflanzt.

Die mittlere Reihe ist für 8 Ringelblumen vorgesehen.

Die 4. Reihe wird wie die 2. bepflanzt und **die letzte Reihe** wie die Reihe 1.

Warum mischen?

Pflanzen haben unterschiedliche Ansprüche an Wasser, Boden und Licht. Auch die Nachbarschaft verschiedener Pflanzen kann günstig oder problematisch sein.

Es ist immer sinnvoll, mehrjährige Kräuter zusammenzufassen und einjährige Kräuter mit Gemüsekulturen zu mischen.

Halbsträucher wie Lavendel, Salbei oder Ysop sind geeignet, um die Beete durch Kräuterhecken weiter zu unterteilen. Starkwüchsige Kräuter wie Liebstöckel oder Minze brauchen einen eigenen Platz. Einjährige Kräuter wie Ringelblume, Borretsch oder Dill werden zwischen die mehrjährigen Kräuter oder in die Gemüsereihen gesät. Die Pflanzen wachsen im Laufe des Sommers dicht zusammen und ergänzen sich gegenseitig. Bestimmte Nachbarschaften wirken vorbeugend oder abwehrend gegen Krankheiten und Schädlinge.

So helfen die ätherischen Öle der Kräuter, schädliche Insekten zu vertreiben. Kräuter mit Scharfstoffen geben diese teilweise an den Boden ab. Benachbarte Pflanzen nehmen sie in Spuren auf und sind so weniger anfällig gegen viele Pilzkrankheiten.

KRÄUTER IN DEN MUSTERBEETEN

Hier erfährst du, was du über den Anbau und die Ernte von den Kräutern unbedingt wissen solltest, die in den entsprechenden Musterbeeten verwendet wurden.

ANIS-YSOP

— Blüht purpurfarben von Juli bis September

WUCHS Aufrecht bis locker buschig, 50 bis 80 cm hoch.

ANBAU In durchlässigen, trockenen und nahrhaften Böden mit Pflanzabstand 30 x 30 cm, Rückschnitt im Frühjahr, Winterschutz erforderlich. Vermehrung über Samen, Stecklinge, Absenker, Wurzelteilung im Herbst.

ERNTE & VERWENDUNG Während des Sommers Blätter und Blüten frisch verwenden, zum Trocknen kurz vor der Blüte ernten. Blüten dekorieren Salate und Süßspeisen, Blätter für Tee (hilft bei Übelkeit und Erbrechen), zum Würzen.

BERG-BOHNENKRAUT

Für Bohnengerichte und Eintöpfe

WUCHS Mehrjährig, breitbuschig, im unteren Bereich verholzend, 40 bis 60 cm hoch, blüht von Juli bis August.

ANBAU In durchlässigen, kalkhaltigen und nährstoffreichen Böden. Aussaat (Lichtkeimer) mit Vorkultur im Frühjahr, Pflanzabstand 40 x 40 cm. In ungünstigen Lagen ist Winterschutz erforderlich. Vermehrung auch über Absenker oder Stecklinge im Sommer.

ERNTE & VERWENDUNG Frische Blättchen im Sommer, zum Trocknen das ganze Kraut vor der Blüte ernten.

BORRETSCH

Blüht himmelblau von Mai bis September

WUCHS Einjährig, aufrecht, verzweigt, bis zu 80 cm hoch, rau behaart. Hübsche Insektenweide.

ANBAU In durchlässigen, nahrhaften, frischen bis feuchten Böden. Aussaat im Frühjahr, Keimlinge früh auf 20 x 20 cm vereinzeln; neigt zur Selbstaussaat.

ERNTE & VERWENDUNG Blüten, Blätter und junge Triebe im Sommer, frisches Kraut würzt Suppen, Salate, Quark, Eierspeisen, sparsam verwenden. Ein Tee aus Blüten und Blättern wirkt blutreinigend, herzstärkend und schleimlösend.

DILL

— *Blüht von Juni bis August*

WUCHS Einjährig, 80 bis 120 cm hoch, grünlich gelbe Dolden.

ANBAU Im April direkt im Freiland aussäen (Lichtkeimer) in lockeren, nahrhaften nicht zu trockenen Boden, später auf einen Abstand von 25 bis 30 cm vereinzeln, Folgeaussaaten bis August, regelmäßig wässern und düngen.

ERNTE & VERWENDUNG Ab Ende April Blätter, ab Juni Blüten, Samen kurz vor der vollständigen Reife mit Nachtrocknen. Frische oder getrocknete Blätter und Blüten als Gewürz, Samen für Kräuteressig und Einlegegurken.

DIPTAM-DOST

— *Rosa Scheinähren von Juli bis September*

WUCHS Mehrjährig, breitbuschig, polsterbildend, 15 bis 30 cm hoch.

ANBAU Bei uns nur für warme Plätze oder Topfkultur mit durchlässigem Substrat geeignet. Anspruchslos, regelmäßig gießen und düngen. Im Winter ausgraben, frostfrei und hell überwintern. Rückschnitt erfolgt im Frühjahr. Vermehrung über Stecklinge im Sommer.

ERNTE & VERWENDUNG Blätter im Sommer. Teekraut oder zum Würzen von Süßspeisen und Sommergetränken.

EBERRAUTE

— *Herb-aromtischer, leicht zitroniger Duft*

WUCHS Mehrjährig, buschig, Halbstrauch, wintergrün, 90 bis 120 cm hoch. Blüht von Juli bis Oktober blassgelb.

ANBAU Pflanzen mit Abstand 60 x 60 cm in mageren, kalkhaltigen, durchlässigen Boden setzen. Wenig düngen, ältere Pflanzen gelegentlich im Frühjahr zurückschneiden, Stecklinge oder Absenker im Sommer.

ERNTE & VERWENDUNG Junge Triebspitzen im Sommer, zum Trocknen auch blühende Zweige. Frisch oder getrocknet zum Würzen von Soßen, Fleisch und Salaten.

ECHTER EIBISCH

Blassrosa Blüten von Juli bis September

WUCHS Mehrjährig, horstig mit aufrechten Blütenständen, bis 2 m hoch. Malvenähnliche Blüten in den Blattachseln.

ANBAU Aussaat im Frühjahr in frischen bis feuchten, nährstoffarmen Boden. Gleichmäßig feucht halten, gelegentlich düngen, Rückschnitt im Herbst oder Frühjahr.

ERNTE & VERWENDUNG Blätter vor der Blüte, blühendes Kraut im Sommer, Wurzeln im Herbst. Wurzel als Tee oder Sirup bei trockenem Reizhusten und entzündlichen Schleimhautentzündungen, Blätter in Gurgelwasser.

FRAUENMANTEL

Grünlich gelbe Blütenrispen im Sommer

WUCHS Mehrjährig, breitbuschig, bis 50 cm hoch, horstig.

ANBAU Pflanzung im Abstand von 30 bis 40 cm in humusreichen, durchlässigen, nicht zu trockenen Boden. Regelmäßig gießen und düngen, Verblühtes zurückschneiden, Vermehrung durch Wurzelteilung im Herbst.

ERNTE & VERWENDUNG Im Sommer Blätter oder blühendes Kraut frisch verwenden oder trocknen. Junge Blätter für Salate oder Suppen, getrocknetes Kraut als Tee, bei zu starken Monatsblutungen und als Blutreinigungskur.

FRUCHT-SALBEI

— *Blüht von August bis Oktober in Rot*

WUCHS Mehrjährig, buschig, straff aufrecht, 30 bis 50 cm hoch. Fruchtig duftende Blätter und in grazilen Rispen stehende Lippenblüten.

ANBAU Für warme Plätze oder in Topfkultur mit magerem Substrat. Anspruchslos, regelmäßig gießen und düngen. Ausgraben, frostfrei und hell überwintern. Rückschnitt erfolgt im Frühjahr. Vermehrung über Stecklinge im Sommer.

ERNTE & VERWENDUNG Blätter im Sommer. Teekraut oder zum Würzen von Süßspeisen und Getränken.

GEWÜRZ-FENCHEL

— *Gelbe Dolden von Juli bis September*

WUCHS Zweijährig, rosettig, 80 bis 200 cm hoch.

ANBAU Im Frühjahr im Saatbeet in Reihen aussäen, im zweiten Jahr auf 40 x 60 cm verpflanzen in tiefgründigen, nahrhaften, kalkhaltigen und feuchten Boden. Reichlich gießen, wenig düngen, Wurzelteilung im Herbst möglich.

ERNTE & VERWENDUNG Einzelne junge Blätter laufend, im Spätsommer reife Samendolden abschneiden und zum Trocknen aufhängen. Fenchelfrüchte sind Bestandteil von Husten-, Abführ- und Magen-Darm-Tees.

JOHANNISKRAUT

— *Blüht von Juni bis Juli in Gelb*

WUCHS Mehrjährig, locker aufrecht, bis zu 90 cm hoch.

ANBAU Pflanzabstand 30 x 40 cm, in durchlässigem Boden mit geringem bis mittlerem Nährstoffgehalt. Rückschnitt im Herbst oder Frühjahr. Vermehrung über Freilandaussaat im Frühjahr oder Wurzelteilung im Herbst.

ERNTE & VERWENDUNG Im Sommer blühende Triebe frisch verarbeiten oder trocknen. Das Blütenöl wirkt als Wundheilmittel, Tee bei nervöser Unruhe und leichten Depressionen. Phototoxische Reaktionen möglich.

KAMILLE, ECHTE

— *Von Juni bis Juli gelb-weiße Blüten*

WUCHS Einjährig, locker buschig, bis zu 50 cm hoch. Kennzeichen der Echten Kamille ist der hohle Blütenboden.

ANBAU Breitwürfige Direktaussaat (Lichtkeimer), auf 20 x 20 cm vereinzeln, regelmäßig gießen und düngen.

ERNTE & VERWENDUNG Blüten im Sommer ernten und schonend trocknen. Tee aus frischen oder getrockneten Blüten wirkt innerlich bei Magen- und Darm- sowie Menstruationsbeschwerden, äußerlich bei Entzündungen der Haut und der Schleimhäute. Kann Allergien auslösen!

KAPUZINERKRESSE

— *Trichterblüten von Juli bis Oktober*

WUCHS Buschig, niederliegend oder rankend mit bis zu 3 m langen Trieben mit Blüten in Gelb, Orangerot oder Rot.

ANBAU Aussaat im Frühjahr in durchlässigen, nahrhaften, frischen Boden mit Abstand 30 x 30 cm, gleichmäßig gießen, während des Blattwachstums reichlich düngen.

ERNTE & VERWENDUNG Frische Blätter, Blütenknospen, Blüten und unreife Samen im Sommer. Blätter und Blüten als dekorative Salatbeigabe, Blütenknospen und unreife Samen in Essig einlegen (dient als Kapernersatz).

KATZENMINZE

— *Blüht lila von Juni bis September*

WUCHS Mehrjährig, locker buschig, bis zu 100 cm hoch.

ANBAU Pflanzenabstand ca. 40 x 40 cm in nahrhaftem, durchlässigem Boden. Rückschnitt nach dem ersten Blütenflor, um einen zweiten Blütenflor anzuregen, Vermehrung über Aussaat im Frühjahr (Lichtkeimer), Teilung im Herbst oder Absenker und Stecklinge im Sommer.

ERNTE & VERWENDUNG Junge Blätter während des ganzen Jahres, ganze Triebe zur Blütezeit, frisch oder getrocknet als Gewürz für Suppen und Soßen.

KERBEL

— *Für Suppen, Soßen, Quark und Salate*

AUSSEHEN Einjährig, aufrecht bis locker buschig, 70 bis 100 cm hoch. Weiße Blütendolden von Mai bis August.

PFLEGE Ab März direkt im Beet aussäen (Lichtkeimer) in nährstoffreiche, leicht feuchte Erde, später auf 20 x 20 cm Abstand vereinzeln, Folgeaussaaten bis August möglich, gleichmäßig feucht halten, gelegentlich düngen.

ERNTE & VERWENDUNG Junge Blätter oder das ganze blühende Kraut. Verliert beim Trocknen schnell sein Aroma. Kerbel wirkt verdauungsfördernd und harntreibend.

KNOBLAUCH

— *Brutzwiebeln, Knollen & Blätter ernten*

WUCHS Mehrjährig, aufrecht, bis zu 80 cm hoch, eintriebig. Rötlich weiße, halbkugelige Dolden im Mai und Juni.

ANBAU Einzelne Zehen oder Brutzwiebeln im zeitigen Frühjahr oder im Spätsommer 5 cm tief in gut durchlässigen Boden stecken, ca. 5 cm Reihenabstand.

ERNTE & VERWENDUNG Brutzwiebeln und frische Blätter für den Frischverzehr. Reife Knollen ausgraben, sobald das Laub im Hochsommer vergilbt ist, kurz trocknen und luftig lagern. Frisch oder getrocknet nutzen.

KÖNIGSKERZE

— *Von Juni bis August gelbe Blütenstände*

WUCHS Zweijährig, rosettig mit straff aufrechten Blütenstielen, 1,20 bis 1,80 m hoch.

ANBAU Aussaat im Sommer in durchlässigen und mageren Boden, gelegentlich gießen, nicht düngen. Verblühte Blütenstände entfernen, neigt zur Selbstaussaat.

ERNTE & VERWENDUNG Blüten im Sommer, nicht quetschen. Für Husten- und Erkältungstees – wirken reizlindernd, auswurffördernd und entzündungshemmend. Die Volksheilkunde nutzt die Blüten u. a. bei Rheuma.

KORIANDER

— *Blätter im Frühjahr ernten*

WUCHS Ein- oder zweijährig. Weiße Blütenstiele von Juni bis August, aufrecht und verzweigt, 50 bis 70 cm hoch.

PFLEGE Im späten Frühjahr direkt im Beet in durchlässigen und warmen Boden aussäen, später auf 30 x 30 cm vereinzeln, ausreichend wässern und düngen, Staunässe vermeiden. In rauen Lagen Winterschutz.

ERNTE & VERWENDUNG Blätter im Frühjahr, Samen kurz vor der Vollreife. Frische Blätter würzen asiatische Gerichte, Salate und Soßen. Samen als Würze.

KORNBLUME

— *Blüht himmelblau von Juni bis September*

WUCHS Einjährig, aufrecht, dünner Stängel, 30 bis 60 cm hoch.

PFLEGE Aussaat im Frühjahr in durchlässigen, nährstoffreichen Boden, regelmäßig gießen, wenig düngen, Verblühtes abknipsen, auf Rostkrankheiten achten.

ERNTE & VERWENDUNG Frische Blüten im Sommer für Salate und Süßspeisen. Getrocknete Blüten als Schmuck für Teemischungen. Innerliche Anwendung bei Verdauungsstörungen und Appetitlosigkeit. Äußerlich bei Kopfschuppen und Bindehautentzündung.

KRESSE

— *Frische junge Blätter als pikante Zugabe*

WUCHS Einjährig, aufrecht, 30 bis 50 cm hoch. Blüte von Mai bis Juni in weißen Trauben.

ANBAU Ab März direkt im Beet aussäen (Lichtkeimer). Wächst auf jedem Gartenboden. Die Kulturzeit beträgt nur zwei bis drei Wochen, es muss daher ständig nachgesät werden, Pflanzabstand 20 x 20 cm; unter Glas ganzjähriger Anbau möglich.

ERNTE & VERWENDUNG Frische Blätter zu Salaten, Eiern und Quark oder aufs Butterbrot streuen.

KÜMMEL

— *Blüht von Mai bis Juli in weißen Dolden*

WUCHS Zweijährig, rosettig, bis 120 cm hoch.

ANBAU Im Frühjahr oder Spätsommer direkt ins Beet (Lichtkeimer) in nahrhaften nicht zu trockenen Boden säen, später auf 30 bis 35 cm Reihenabstand vereinzeln, hoher Wasser- und Nährstoffbedarf.

ERNTE & VERWENDUNG Im ersten Jahr können nur die jungen Blätter geerntet werden, im zweiten auch die reifen Samen. Junge Blätter für Salate, getrocknete Samen als Gewürz von Fleisch, Kohl, Käse oder Quark.

LIEBSTÖCKEL

— *Blätter für Salate, Eintöpfe und Fleisch*

WUCHS Mehrjährig, starkwüchsig, buschig, horstig, 100 bis 250 cm hoch mit aufrechten Blütenstielen.

ANAU Pflanzabstand 50 x 50 cm, tiefgründig nahrhafter Boden. Regelmäßig gießen und düngen, im Herbst vollständig zurückschneiden, Vermehrung über Aussaat im Frühjahr oder Teilung der Wurzelstöcke im Herbst.

ERNTE & VERWENDUNG Junge Blätter im Frühjahr ernten („Maggikraut"), Wurzeln für Tee im Herbst ausgraben und gut trocknen.

LUNGENKRAUT

— *Blüht von März bis Mai in Blau-Violett*

WUCHS Mehrjährig, buschig, 10 bis 40 cm hoch, borstig behaart. Zunächst hellrote Blüten.

ANBAU Pflanzabstand 20 x 20 cm, warmer Sand- oder Lehmboden, ausreichend gießen und düngen. Vermehrung über Aussaat im Frühjahr oder Teilung im Herbst.

ERNTE & VERWENDUNG Im Frühjahr frische Blätter, zur Blütezeit alle oberirdischen Pflanzenteile. Frische Blätter als Beigabe zu Salaten, das getrocknete Kraut als Tee bei Erkrankungen der Atmungsorgane.

MÄDESÜSS

— *Duftende Blüten von Juni bis September*

WUCHS Horstig, aufrechte Blütenstiele, ausläuferbildend, 60 bis 100 cm hoch. Cremeweiße, sternförmige Blüten.

ANBAU Feuchter, schwach saurer Boden. Ausreichend gießen, viel düngen. Kompletter Rückschnitt im Herbst oder Frühjahr. Vermehrung über Aussaat oder Teilung.

ERNTE & VERWENDUNG Junge Blätter und voll entwickelte Blüten im Sommer. Tee als Schwitzkur bei beginnenden Erkältungen, frische Blätter als Zugabe zu Salaten und Suppen, Blüten für Sirup und Marmelade.

MAJORAN

— *Frische Blätter und Triebe*

WUCHS Einjährig, buschig, verzweigt, 50 cm hoch. Blüht im Juli/August in hellroten bis weißen Lippenblüten.

ANBAU Geschützte Anzucht (Lichtkeimer) ab März oder Direktaussaat ab Mai, auf Pflanzabstand von 20 x 20 cm vereinzeln, in durchlässigen und leicht nahrhaften Böden. Standort jedes Jahr wechseln, benötigt wenig Wasser, Staunässe vermeiden, regelmäßig düngen.

ERNTE & VERWENDUNG Im Frühjahr und Sommer frisch, zum Trocknen Blätter, Blüten im Sommer ernten als Gewürz.

MUSKATELLER-SALBEI

— *Hellviolette Blüten von Juni bis August*

WUCHS Zweijährig, rosettig mit buschigen, ährenförmigen Blütentrieben, 100 bis 150 cm hoch.

ANBAU Freilandaussaat im Frühjahr oder Sommer, auf 40 x 40 cm vereinzeln, durchlässiger, kalkhaltiger Boden. Ausreichend gießen und düngen.

ERNTE & VERWENDUNG Blätter und Blüten frisch im Sommer, Blätter zum Trocknen vor der Hauptblüte (gebündelt trocknen), frische Blüten für Omelette, Süßspeisen und Säfte, Blätter und Blüten als Tee bei Verdauungsstörungen.

NACHTKERZE

— *Gelbe Blüten mit süßlichem Duft*

WUCHS Zweijährig, horstig, 50 bis 100 cm hoch, von Juni bis August öffnen sich abends becherförmige Blüten.

ANBAU Aussaat im Sommer (Lichtkeimer), Pflanzabstand 20 x 20 cm, wenig gießen und düngen, Rückschnitt nach der Blüte verhindert zu starkes Ausbreiten.

ERNTE & VERWENDUNG Blätter und Wurzeln im ersten Jahr, Blüten und Samen im zweiten Jahr, Tee aus Blüten und Blättern hilft bei Durchfällen, Tee aus Samen bei Erkältungen und Husten (Volksheilkunde).

KRÄUTER-STECKBRIEFE

OREGANO

— *Blüht von Juli bis September*

WUCHS Mehrjährig, dichtbuschig, bis zu 50 cm hoch, Ausläufer bildend, blüht in rosa oder weißen Trugdolden.

ANBAU Aussaat im Freiland ab April (Lichtkeimer), Platzbedarf etwa 30 x 30 cm, durchlässiger, trockener Boden. Vermehrung durch Teilung des Wurzelstocks.

ERNTE & VERWENDUNG Junge Blätter und Triebe jederzeit zum Frischverzehr, krautige Pflanzenteile während der Blütezeit zum Trocknen für Vorräte, Gewürz für Pizza, Pasta und Salate.

PETERSILIE

— *Blätter bis Blühbeginn ernten, nicht mitkochen*

WUCHS Zweijährig, rosettig, 50 bis 100 cm hoch, Blattform sortenabhängig, grüngelbe Dolden im Juni/Juli.

ANBAU Ab März direkt im Beet aussäen (Dunkelkeimer), später auf einen Reihenabstand von 15 bis 20 cm vereinzeln, Standort jedes Jahr wechseln, hoher Wasser- und Nährstoffbedarf.

ERNTE & VERWENDUNG Blätter im Sommer des ersten Jahres und im Frühling des zweiten Jahres, Früchte im Herbst des dritten Jahres für Heiltees.

RINGELBLUME

— *Blüht von Juni bis Oktober*

WUCHS Einjährig, aufrecht, stark verzweigt, klebrig, 20 bis 60 cm hoch, gelbe bis orangerote Körbchenblüten.

AUSSAAT Im Frühjahr direkt im Beet, Pflanzabstand 20 x 20 cm, nahrhafte, gut durchlässige Böden, regelmäßig wässern und düngen, Verblühtes entfernen zur Förderung weiterer Blütenbildung, neigt zur Selbstaussaat.

ERNTE & VERWENDUNG Blüten und junge Blätter im Sommer als Salatbeigabe; Tee aus Blüten hilft bei leichten Magen- und Darmbeschwerden und zur Blutreinigung.

ROSMARIN

— *Immergrüne Blätter und blaue Blüten*

AUSSEHEN Mehrjährig, dichtbuschiger Strauch, im unteren Bereich verholzend, in großen Kübeln bis zu 2 m hoch.

PFLEGE Winterfeste Sorten an geschützten Stellen auspflanzen (40 x 40 cm), in ungünstigen Lagen oder für nicht frostharte Sorten ist Topfkultur ratsam. Bevorzugt karge, humose, durchlässige Böden. Vermehrung über Stecklinge oder Absenker im Frühjahr oder Sommer.

ERNTE & VERWENDUNG Bei Bedarf Blätter, Zweigspitzen und Blüten, intensives Gewürz für mediterrane Gerichte.

ROT-KLEE

— *Blüht von Juni bis September*

WUCHS Zwei- oder mehrjährig, aufrecht, 20 bis 30 cm hoch, rosa bis purpurrote Blüten. Insektenmagnet.

ANBAU Aussaat im Frühjahr, breitet sich stark aus, daher gelegentlich reduzieren. Bevorzugt tiegründige, nährstoffreiche, frische Böden.

ERNTE & VERWENDUNG Blühendes Kraut im Sommer, Blüten für Salate und Süßspeisen. Heilpflanze, die heute als wirksam gegen Wechseljahresbeschwerden gilt. In der Volksheilkunde bei Durchfall, Hautproblemen, Bronchitis.

SALBEI, ECHTER

— *Blüht von Juni bis August in Hellviolettblau*

WUCHS Mehrjährig, breitbuschig, im unteren Bereich verholzend, 40 bis 60 cm hoch.

ANBAU Aussaat mit Vorkultur im Frühjahr, Pflanzabstand 40 x 40 cm, durchlässige, kalkhaltige Böden. In ungünstigen Lagen ist Winterschutz erforderlich, Freilandaussaat im Frühjahr, Absenker oder Stecklinge im Sommer.

ERNTE & VERWENDUNG Junge Blätter laufend, für Vorräte krautige Triebspitzen vor der Blüte ernten, bündeln und trocknen; Gewürz- und Heilpflanze.

SCHNITTLAUCH

— *Blüht lilafarben von Juni bis Juli*

WUCHS Mehrjährig, horstig, aufrecht, 20 bis 30 cm hoch.

PFLEGE Im Frühjahr direkt im Beet aussäen, nährstoffreiche und nicht zu feuchte Böden. Um das Überaltern zu verhindern, werden die Wurzelstöcke alle zwei Jahre im Herbst oder Frühjahr geteilt.

ERNTE & VERWENDUNG Im Frühjahr und Sommer knapp über dem Boden abschneiden – die Blätter des ersten Frühlingsaustriebes sind besonders würzig. Möglichst nicht erhitzen. Blüten im Sommer als Deko für Salate.

SCHWARZKÜMMEL

— *Auffällige Blütenköpfe von Juni bis Juli*

WUCHS Einjährig, aufrecht, etwa 30 cm hoch. Blassblaue, teilweise auch weiße, einzeln stehende Blüten.

ANBAU Im Frühjahr Voranzucht im Haus oder Reihenaussaat direkt im Garten an einem warmen Platz. Auf 20 x 20 cm vereinzeln. Nahrhafte, durchlässige Böden.

ERNTE & VERWENDUNG Reife, trockene Balgfrüchte schneiden und zerdrücken – die so gewonnenen Samen müssen nachtrocknen. Ganze oder gemahlene Samen würzen Brot und Soßen, Curry, Fleisch oder Fisch.

SCHWARZNESSEL, SHISO

— *Purpurfarbene oder grüne Blätter*

WUCHS Einjährig, aufrecht buschig, 40 bis 100 cm hoch. Im August und September weiße ährenartige Blüten.

ANBAU Pflanzabstand 40 x 40 cm, nährstoffreiche, humose, durchlässige Böden. Regelmäßig gießen und düngen, für buschigen Wuchs frühzeitig stutzen. Vermehrung über Aussaat im Frühjahr (Lichtkeimer), Stecklinge im Sommer.

ERNTE & VERWENDUNG Frische Blätter vor dem Ansetzen der Blüten. Durchdringend aromatisches Gewürz für Sushi, Salate, Suppen, Fleisch oder Reis.

STEVIA, SÜSSKRAUT

— *Kalorienarme Süße für Tees, Desserts & Co.*

WUCHS Mehrjährig, buschig, mit aufrechten Blütenstielen, 30 bis 70 cm hoch. Im September und Oktober weiße achselständige Einzelblüten.

ANBAU Regelmäßig gießen und düngen, Rückschnitt nach der Blüte. Durchlässige, nahrhafte Böden. Nicht winterhart, daher ausgraben und im Topf hell und temperiert überwintern. Vermehrung über Aussaat im Frühjahr oder Stecklinge im Sommer.

ERNTE & VERWENDUNG Frische Blätter zum Süßen.

VEILCHEN, DUFT-

— *Blüht im März/April, Nachblüte im Herbst*

WUCHS Mehrjährig, buschig, 10 bis 15 cm hoch, bildet Ausläufer.

ANBAU Pflegeleicht, ideal als Bodendecker unter Sträuchern, humusreicher, frischer bis feuchter Boden, Pflanzabstand 15 x 15 cm, neigt zum Verwildern, Vermehrung durch Aussaat im Herbst, Teilung des Wurzelstocks.

ERNTE & VERWENDUNG Blätter und Blüten im Frühling frisch oder getrocknet für Salate, frische oder kandierte Blüten garnieren Süßspeisen.

WALDMEISTER

— *Weiße Blüten von April bis Juni, Ausläufer treibend*

WUCHS Mehrjährig, horstig, 20 bis 30 cm hoch.

ANBAU Nahrhafte, frische bis feuchte Böden. Pflanzabstand ca. 20 x 20 cm, regelmäßig gießen und düngen. Vermehrung über Aussaat (Kaltkeimer) oder Teilung im zeitigen Frühjahr bzw. nach der Blüte im Frühsommer.

ERNTE & VERWENDUNG Kraut kurz vor der Blüte. Als Genussmittel (für Bowle kurz antrocknen lassen) und zur Frühjahrskur. Vorsicht: Übermäßiger Genuss kann wegen des Cumaringehalts zu Kopfschmerzen führen.

WEINRAUTE

— *Herb duftende Blätter, grüngelbe Blüten*

WUCHS Mehrjährig, buschig, im unteren Bereich verholzend, 40 bis 60 cm hoch, blüht von Juni bis September.

ANBAU Durchlässiger, magerer, kalkhaltiger Boden. Pflanzabstand 30 x 40 cm, ausreichend gießen, Staunässe vermeiden, wenig düngen, im Frühjahr zurückschneiden, Vermehrung über Aussaat (Lichtkeimer).

ERNTE & VERWENDUNG Blätter vor der Blüte, frisch und nur sparsam verwenden (nicht während der Schwangerschaft!) als Gewürz. Achtung phototoxisch!

WERMUT, ABSINTH

— *Gelbe Blüten von Juli bis September*

WUCHS Mehrjährig, buschig, bis zu 150 cm hoch.

ANBAU Pflanzabstand 50 x 50 cm. Nahrhafte, durchlässige, trockene Böden. Vollständiger Rückschnitt im Herbst oder Frühjahr. Aussaat im Frühjahr (Lichtkeimer) oder Stecklinge.

ERNTE & VERWENDUNG Blätter laufend, für Vorräte Triebspitzen während der Blüte ernten und trocknen. Als Bestandteil von Tees oder Kräuterlikören zur Appetitanregung, bei Verdauungsstörungen. Zu hohe Dosen können Kopfschmerzen und Schwindel erzeugen!

YSOP

— *Blüht von Juli bis August in Blau, Violett oder Weiß*

WUCHS Mehrjährig, dichtbuschig, 30 bis 60 cm hoch, im unteren Bereich verholzend, wintergrün. Blüten sind essbar!

ANBAU Pflanzabstand 40 x 40 cm. Nahrhafter, kalkhaltiger, gut durchlässiger, trockener Boden. Regelmäßiger Rückschnitt im Frühjahr erforderlich, Vermehrung über Aussaat (Lichtkeimer), Stecklinge oder Absenker.

ERNTE & VERWENDUNG Blätter, junge Triebe bei Bedarf frisch ernten, im Sommer blühendes Kraut zum Trocknen als Gewürz für Fleisch, Fisch, Eintöpfe. Teekraut.

ZITRONENGRAS

— *Nach Zitrone duftende Blätter*

WUCHS Mehrjährig, horstig, bis zu 120 cm hoch. Blüht als Kulturpflanze nicht.

ANBAU Bei uns nur als Topfkultur möglich, gleichmäßig feucht halten und regelmäßig düngen, Staunässe vermeiden, Pflanze nicht dem Regen aussetzen. Hell und kühl überwintern. Vermehrung über Wurzelteilung.

ERNTE & VERWENDUNG Blätter bei Bedarf. Gewürz in der asiatischen Küche, wirkt verdauungsfördernd, krampflösend, antibakteriell, schweißtreibend. Der Tee erfrischt.

ZITRONENMELISSE

— *Rosa-weiße Blütchen von Juni bis August*

WUCHS Mehrjährig, dichtbuschig, bis 100 cm hoch.

ANBAU Pflanzabstand 30 x 30 cm, wenig gießen, gelegentlich düngen. Fruchtstände abschneiden, um Selbstaussaat zu vermeiden, Rückschnitt im Frühjahr oder Herbst. Vermehrung über Aussaat im Frühjahr (Lichtkeimer), Stecklinge oder Wurzelteilung.

ERNTE & VERWENDUNG Vor der Blüte junge Blätter und Triebspitzen – frisch für Salate, Soßen, Süßspeisen. Getrocknete Blätter als Bestandteil von Schlaftees.

ZITRONENVERBENE

— *Purpurfarbene oder grüne Blätter*

AUSSEHEN Einjährig, aufrecht buschig, 40 bis 100 cm hoch. Im August und September weiße Blütenstände.

PFLEGE Pflanzabstand 40 x 40 cm, regelmäßig gießen und düngen, für einen buschigen Wuchs frühzeitig stutzen; Vermehrung über Aussaat im Frühjahr (Lichtkeimer) oder Stecklinge im Sommer.

ERNTE & VERWENDUNG Frische Blätter vor dem Ansetzen der Blüten. Durchdringend aromatisches Gewürz für Sushi, Salate, Suppen, Fleisch oder Reis.

MUSTERBEET-INFOS

Auf den folgenden Seiten bekommst du zunächst die wichtigsten Infos zur Blumenpflege, bevor wir dir zeigen, wie du einfach mit Musterbeeten tolle Blumenarrangements in deinen Garten holen kannst.

TIPPS & TRICKS

Blumen-Musterbeete

In den Blumenbeeten ist es wichtig, die Pflanzen zu stärken und zu pflegen. Gießen, Düngen, Jäten, Aufbinden und Stäben sind dabei Aufgaben der Gärtner. Eine Staudenpflanzung benötigt etwa zwei bis drei Jahre, bis sie in Hochblüte steht

Die Blütezeit kann bei einigen Stauden durch zusätzliche und spezielle Blütenschnittmaßnahmen verlängert werden. Die Pflanzen müssen dazu nicht unbedingt vollständig gekürzt werden, sie zurückzuschneiden kann dennoch sehr vorteilhaft sein.

BLÜTENPFLEGE

Durch einen Rückschnitt können Pflanzen verjüngt oder auch zur Blüten- oder Fruchtbildung angeregt werden. Ein weiterer Vorteil ist, dass die natürliche Wuchsform der Pflanze gefördert wird und die Krankheitsanfälligkeit reduziert werden kann. Es hängt dabei von der Pflanze ab, wie geschnitten wird.

Ausschneiden

Jede Pflanze produziert Samen, um sich zu vermehren. Doch die Frucht-/Samenbildung benötigt viel Energie, die die Pflanze nicht verwenden kann, um eine weitere Blüte zu bilden. Deshalb sollte man die verwelkten Blüten, gerade bei einjährigen Blumen, regelmäßig ausschneiden.

Remontierschnitt

Remontieren nennen Gärtner die Fähigkeit von Stauden, nach der Hauptblüte im Sommer ein zweites Mal zu blühen. Um das zu erreichen, sollte bei remontierenden Stauden ein wenig nachgeholfen werden, indem du die Pflanze direkt nach der Blüte bodennah runterschneidest. Der Rückschnitt regt dann einen neuen, vitalen Austrieb an und führt zu einer Nachblüte.

Vorblütenschnitt

Der Vorblütenschnitt wird angewendet, damit eine Pflanze buschiger wächst, indem sie sich mehr verzweigt.

WIE BEKOMME ICH NOCH MEHR BLÜTEN?

Ausschneiden
Sonnenbraut, Taglilie, Pfingstrose

Remontieren
Rittersporn, Kugeldistel, Steppen-Salbei, Sterndolde

Vorblütenschnitt
Phlox, Ysop, Aster

Nachblütenschnitt
Phlox, Gelenkblume, Sonnenhut

Verjüngen
Aster, Storchschnabel, Funkie, Pfingstrose

1

2

3

1. Die Sterndolde kann nach der Blüte runtergeschnitten werden.

2. Taglilien nach der Blüte regelmäßig ausschneiden.

3. Astern können im Frühsommer eingekürzt werden.

4. Pflanzstützen aus Metall können auch zur Dekoration dienen.

Dazu wird die Staude im Frühsommer, wenn die ersten Blütenknospen erscheinen, um etwa 10 cm gekürzt. Sie blüht dann etwas später, aber ihre Standfestigkeit verbessert sich und es bilden sich neue Seitenknospen.

Nachblütenschnitt

Versamende Pflanzen sind in den meisten Fällen sehr vital und wüchsig. Sie können mit der Zeit andere gepflanzte Sorten verdrängen. Deshalb sollte man bei sehr stark versamenden Pflanzen die verwelkten Blüten abschneiden. Auch ein radikaler Rückschnitt kann Sinn machen. Die Stauden blühen zwar kein zweites Mal, aber sie bilden danach neues Laub, das für den Rest des Jahres schön aussieht. Zudem beugt ein Nachblütenschnitt einem eventuellen Pilzbefall vor.

Rückschnitt

Ich empfehle die meisten Pflanzen bis spätestens Mitte Februar zurückzuschneiden, gerade wenn du Frühlingszwiebeln gesetzt hast. Stauden werden zurückgeschnitten, weil der obere Teil der Pflanzen zum Überwintern oberirdisch abstirbt. Stauden, die Ende November schon unattraktiv ausse-

4

hen, können dann schon zurückgeschnitten werden. Alle anderen Stauden, die den Garten im Winter zieren, sollten aus ästhetischen Gründen bis zum Februar stehen gelassen werden. Gräser sollten generell erst im Frühjahr zurückgeschnitten werden, denn das ausgetrocknete Laub schützt vor Kälte und Winternässe.

Verjüngen

Das Verjüngen von Stauden wird auch Teilen genannt. Stauden sollten, wenn sie nach längerer Standzeit aus der Mitte heraus verkahlen, durch die Zerteilung der Horste verjüngt werden. Insbesondere dichte Wurzelwerke lassen sich gut mit einem Spaten und dem dazugehörigen Kraftaufwand teilen – vor allem Stauden können mit der Zeit an Lebens- und Blühkraft verlieren, wenn sie zu groß werden. Deshalb wirkt das Teilen im Herbst bei einigen Pflanzen wie eine Verjüngungskur. Die kleineren und verjüngten Teilstücke sollten wieder eingepflanzt werden. Am neuen Standort werden Lebenskraft und Blütenreichtum nicht lange auf sich warten lassen.

PFLANZENPFLEGE

Prachtstauden-Beete beanspruchen einen höheren Pflegeaufwand als naturnähere Beete, wie sie in Präriegärten zu finden sind. Prachtstauden, zu denen Pfingstrosen, Rittersporn und Phlox zählen, werden oft geteilt, versetzt oder gestützt. Der Unterhalt von naturnäheren Beeten beschränkt sich meist auf Unkrautjäten und dem jährlichen Zurückschneiden.

Düngen

Gerade das Düngen von Freilandpflanzen sollte zurückhaltend geschehen. Kunstdünger sollte sehr sparsam verwendet oder gleich weggelassen werden. Sehr naturnahe Bepflanzungen wie der Präriegarten, müssen gar nicht gedüngt werden. Sehr blütenreiche Beete können im Frühling mit organischem Dünger wie Kompost oder Hornspänen gestärkt werden.

Jäten

Gerade in den ersten Jahren der Beetanlage sollte ausgiebig gehackt und gepflegt werden. Sämlinge und Unkraut sollten unter Kontrolle gehalten werden, bis die Pflanzendecke sich

IDEEN FÜR PFLANZEN-STÜTZEN

- Du könntest mit Bohnenstangen ein Gerüst schnüren. Binde diese dazu mit einer Juteschnur an Kreuzpunkten zu einem Rankgitter zusammen.
- Kaufe im Handel einen formalen Obelisken. Dieser schmückt nicht nur deinen Garten, sondern dient auch als Stütze.
- Drücke dünne Zweige neben kopflastigen Stauden in den Boden.

Damit Gräser über den Winter standfest bleiben, können sie zusammengebunden werden.

geschlossen hat. Ich plane in den meisten Blumenbeeten Bodendecker mit ein, denn sie wachsen meist so dicht, dass sie Unkraut keine Chance lassen.
Um den Jäteaufwand gering zu halten, wird häufig mit Lava gemulcht, so lässt sich der Pflegeaufwand um die Hälfte reduzieren. Unkraut sollte mitsamt der Wurzel aus dem Beet entfernt werden, das geht am besten mit der Hand oder einer Hacke. Lockere den Boden gründlich, damit auch Wurzeln entfernt werden können, die tief im Erdreich sitzen. Behalte das Beet im Auge, um es wiederholt zu jäten, sobald die Wurzeln wieder aus dem Boden sprießen. Mit der Zeit schwächt man die Unkräuter, sodass sie schließlich verschwinden.

Aufbinden und Stäben

Hochwüchsige Stauden leiden teilweise unter Standschwäche, wenn es viel regnet oder sie dem Wind ausgesetzt sind. Es kann ratsam sein, besonders instabile Stauden vorbeugend zu stützen, bevor sie auseinanderfallen. Beim Aufbinden und Stäben sollte jedoch auf die natürliche Wuchsform der Stauden geachtet werden, um diese beizubehalten. Die meisten Pflanzen müssen erst im Sommer gestützt werden.

Winterhärte

Das heutige Staudensortiment stammt ursprünglich aus der ganzen Welt. Dies führt dazu, dass bei gewissen Pflanzen im Ursprungsland ein anderes, meist wärmeres Klima herrscht. So ist es möglich, dass eine eingeführte, prinzipiell mehrjährige Pflanze, unsere heimischen Winter nicht überdauern kann. Ein gängiges Mittel, um dies herauszufinden, sind Winterzonenkarten. Die meisten Staudengärtnereien geben in ihren Katalogen und Sortimentlisten Angaben über die jeweilige Klimazone. Meist findest du dort auch die passenden Klimazahlen.
Um sich Arbeit zu ersparen, habe ich dir außen auf der hinteren Umschlagklappe eine Winterzonenkarte mit allen Infos beigefügt.

Winterschutz

Die meisten Stauden sind uneingeschränkt winterhart, doch manche Stauden, Gräser und Zwiebelblumen brauchen einen Schutz. Folgende Stauden benötigen in manchen Regionen einen Winterschutz: Mammutblatt, Steppenkerze, Holländische Iris, Japan-Anemone, Staudenbleiwurz und Buschmalve. Um Frostschäden bei einem verfrühten Austrieb zu vermeiden, empfiehlt es sich, diese in rauen Lagen mit einer Schicht Herbstlaub oder Reisig als Vorsorge zu bedecken.
Die frostempfindliche Buschmalve sollte sogar mit Vlies und im Wurzelbereich mit Laub oder Rindenmulch bedeckt werden. Auch das Mammutblatt benötigt einen umfassenden Winterschutz.
Ein wichtiges Thema ist die Fäulnis im Winter, wie sie bei Steppenkerzen vorkommen kann. Da hilft eine Drainage weiter. Bei Pampasgras und Fackellilien solltest du die Blätter nach oben zusammenbinden, um das Herz der Pflanze vor Frost und Nässe zu schützen. Dahlien sollten ausgegraben werden, indem du alle Pflanzentriebe vor dem ersten Frost abschneidest und die Knollen aus dem Boden nimmst. Die Knollen werden in einer kleinen Sandkiste im Keller kühl, trocken und dunkel nebeneinander gelagert. Vor allem Gehölze wie Lavendel erfrieren oft nicht, sondern verdursten im durchgefrorenen Boden und durch die Wintersonne. Deshalb gilt: Gießen nicht vergessen!

Geflochtene Glocken gefüllt mit Reisig schützen empfindliche Stauden vor Frostschäden.

Pink Lady

Musterbeet 1 ist für alle Rosa Liebhaber. Dieses von den amerikanischen Prärien inspirierte Beet, bevorzugt sonnige Standorte mit normalen Gartenböden. Die Blütezeit erstreckt sich von März bis November.

Lange Blütezeit

KONZEPT

Die Inspirationsquelle dieser Bepflanzung sind die eher spätblühenden Prärien. Um die Blütezeit zu verlängern, sollten Zwiebelpflanzen verwendet werden. Für den Präriecharakter ist es zentral, Gräser wie das Federgras zu verwenden. Bei größeren Flächen kann die Schmiele (*Deschampsia cespitosa* 'Goldtau') dazu kombiniert werden. Die Schwertlilie unterstützt das Präriefeeling mit ihren grasartigen, eleganten Blättern. Zu den harmonischen Blütenfarben werden kontrastreiche Blütenformen kombiniert. Anemone und Sterndolde betonen mit ihren tellerförmigen Blüten die Horizontale

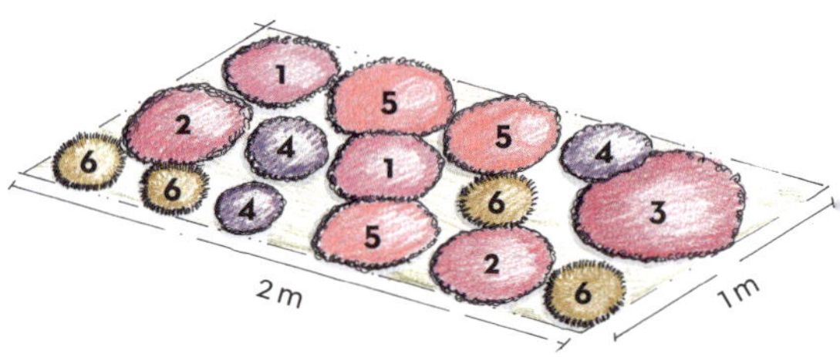

im Beet. Diese wird von den himmelwärts strebenden Kerzen des Knöterichs durchbrochen. Die Blütenformen von Schwertlilie, Federgras und Phlox verzaubern mit ihrer Komplexität.

EINKAUFSLISTE

❶ Herbst-Anemone (*Anemone-Japonica-Hybride* 'Rosenschale'), 2 Stk.

❷ Rosa Sterndolde (*Astrantia major* 'Roma'), 2 Stk.

❸ Kerzen-Knöterich (*Bistorta amplexicaulis* 'Early Pink Lady'), 1 Stk.

❹ Sibirische Schwertlilie (*Iris sibirica* 'Sparkling Rose'), 3 Stk.

❺ Hohe Garten-Flammenblume (*Phlox paniculata* 'Rosa Pastell'), 3 Stk.

❻ Zartes Federgras (*Stipa tenuissima*), 4 Stk.

Zwiebelpflanzen

Ⓐ Rosa Balkan-Anemone (*Anemone blanda* 'Charmer'), 15 Stk.

Ⓑ Lilienblütige Tulpe (*Tulipa* 'China Pink'), 20 Stk.

STANDORT UND BEPFLANZUG

Das Federgras verleiht der Bepflanzung einen naturalistischen Charakter. Das ideale Bepflanzungsmuster ist hier die Mischpflanzung (aufgelöste Gruppenpflanzung, die natürlich wie eine Blumenwiese wirkt). Auf größeren Flächen würde das Driftmuster (Pflanzengruppen werden in Streifen angelegt) phänomenal wirken. Gerade die Stauden lieben die volle Sonne und bevorzugen frische bis feuchte, durchlässige, humus- und nährstoffreiche Gartenböden – eben ein typischer Gartenboden, der mit Kompost angereichert wird. Viele der verwendeten Pflanzen würden auch in einer halbschattigen Lage gedeihen, außer die Tulpe und die Schwertlilie, sie bevorzugen es lieber vollsonnig. Die Bepflanzung verträgt ebenso einen eher nassen Standort, bei dem aber das Federgras durch die Schmiele ersetzt werden muss.

HERBST-ANEMONE 'ROSENSCHALE'

— *Blüht von September bis Oktober*

WUCHS Sorte mit besonders attraktiven Blüten, denn die großen Blütenblätter sind am Rand und an den Rückseiten dunkler getönt. Die Pflanze wird 80 bis 100 cm hoch.

STANDORT Liebt sonnige Plätze, Halbschatten wird toleriert. Bevorzugt durchlässige, humose Böden.

ANBAU Eine Pflanzung im Frühling ist empfehlenswert. Die Pflanzen neigen mit der Zeit dazu, sich stark auszubreiten. Um sie zu verkleinern und gleichzeitig Nachkommen zu erhalten, kann sie im Frühling geteilt werden.

ROSA STERNDOLDE 'ROMA'

— *Blüht von Juni bis Juli*

WUCHS Diese schöne Wildstaude wächst aufrecht und wird ca. 40 bis 70 cm hoch. Große sternförmige Doldenblüten in Rosa. Wenn sie nach der Blüte zurückgeschnitten wird, erscheint im September eine üppige Nachblüte.

STANDORT Durchlässige, humose, nährstoffreiche Böden.

ANBAU Sie sollte vorzugsweise zwischen März bis Anfang Oktober gepflanzt werden. Aussaat im Herbst, denn sie benötigt den Kältereiz, damit sie dann im Frühjahr keimen kann. Die Stauden können auch geteilt werden.

KERZEN-KNÖTERICH

— *Sorte 'Early Pink Lady' mit rosa Blüten*

WUCHS Die Sorte wächst mehrjährig, aufrecht, 60 bis 120 cm hoch. Sie blüht von Juni bis September in eleganten pinken Blütenähren. Ihr bronzefarbenes Laub im Herbst setzt im Beet tolle Akzente.

STANDORT Bevorzugt einen kühl-feuchten Boden, ist aber robust und anpassungsfähig.

ANBAU Die Sorte sollte vorzugsweise im März oder Oktober gepflanzt werden. Die Pflanze ist sehr frostfest und kann gut als Bodendecker eingesetzt werden.

SIBIRISCHE SCHWERTLILIE

— *Die Sorte 'Strandperle' blüht von Mai bis Juni*

WUCHS Diese Schwertlilien-Sorte ist eine aufrecht wachsende Staude und wird etwa 60 bis 80 cm hoch. Ihre Blätter sind grasartig und elegant. Typisch sind auch die dicht unter der Erdoberfläche verlaufenden Rhizome.

STANDORT Sie mag sonnige bis absonnige Plätze mit frischem bis feuchtem Boden.

ANBAU Das Einpflanzen ist ganzjährig möglich, außer bei gefrorenem Boden und bei Sommerhitze. Alle vier bis fünf Jahre sollte man die Horste teilen und umpflanzen.

HOHE FLAMMENBLUME

— *Phlox-Sorte 'Rosa Pastell' in Zartrosa*

WUCHS Sorte mit zartrosa Blüten mit kleiner pinkfarbener Mitte von August bis September. Wird ein Teil der Blütenstände Anfang Juni eingekürzt, lässt sich die Blühdauer noch um einige Wochen verlängern. Wuchshöhe etwa 1 m.

STANDORT Die Staude bevorzugt sonnige bis halbschattige Orte. Sie gedeiht auf frischen, nahrhaften Gartenböden und mag keine Staunässe und Trockenheit.

ANBAU Pflanzung vorzugsweise zwischen März und Oktober. Vermehrung durch Teilung nach der Blüte.

ZARTES FEDERGRAS

— *Blüht silbrig weiß von Juli bis August*

WUCHS Es wird etwa 30 bis 50 cm hoch, besitzt feine zarte Blätter und einen filigranen Blütenstand. Da das Gras wintergrün ist, bietet es auch im Winter einen zauberhaften Anblick.

STANDORT Mag trockene, durchlässige und magere Gartenböden in der Sonne.

ANBAU Auch bei diesem Gras wird eine Frühjahrspflanzung empfohlen. Erhält es nach der Blüte keinen Rückschnitt, vermehrt es sich im Beet durch Versamung.

Silver Star

Dieses Musterbeet ist eine silbrige Sonnen-Bepflanzung. Bei diesem Beet spielen die Blattfarben eine übergeordnete Rolle. Das Beet liebt sonnige Standorte mit trockenen Gartenböden. Die Blütezeit erstreckt sich von April bis September.

Für Sonne & Trockenheit

KONZEPT

Bei dieser Bepflanzung wird der Fokus auf die silberfarbigen Blätter gelegt. Die Kugeldistel besitzt graugrün gezähntes Laub. Ihr Wuchs ist locker aufrecht und horstig, die Blüte kugelförmig. Eine weitere Strukturpflanze ist der Garten-Mannstreu, seine Blätter sind silbrig geadert. Zu diesen eher rauen und gezähnten Blättern gesellen sich die filzig flaumigen Blätter des Wollziests. Auch der Gewürz-Salbei besitzt samtig behaarte graugrüne Blätter. Die beiden Gräser machen das Silber-Ensemble komplett. Die Blüten selbst gliedern sich unter und blühen blau, violett und gelblich braun. Die Zwiebelpflanzen verlängern die Blütezeit. Bei dieser Bepflanzung wird auf weiße, kelchförmige Blüten gesetzt.

STANDORT UND BEPFLANZUG

Auch diese silbrige Bepflanzung besitzt einen eher naturalistischen Charakter. Das ideale Bepflanzungsmuster ist die Drift (Pflanzengruppen werden in Streifen angelegt) – bei größeren Bepflanzungen sind Blöcke erstklassig. Stauden mit silbrigen Blättern sind meist an sonnige, trockene Standorte angepasst. Die Pflanzen würden auch auf frischen Böden gedeihen.

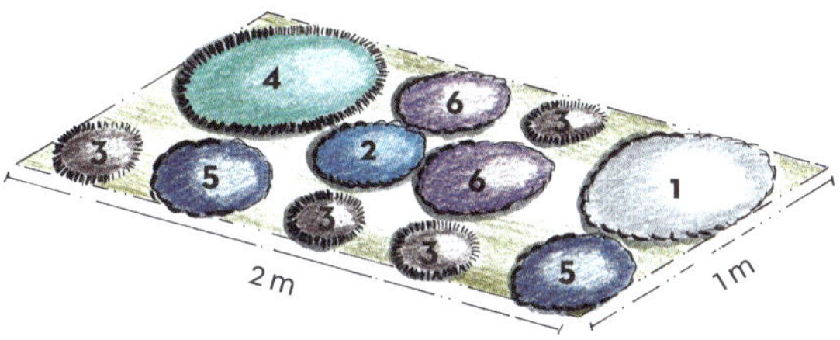

EINKAUFSLISTE

1. Kugeldistel *(Echinops ritro)*, 1 Stk.
2. Garten-Mannstreu (*Eryngium* x *zabelii* 'Blauer Ritter'), 1 Stk.
3. Blauschwingel (*Festuca-Cinerea-*Hybride 'Elijah Blue'), 4 Stk.
4. Bläuliche Rutenhirse (*Panicum virgatum* 'Heavy Metal'), 1 Stk.
5. Gewürz-Salbei *(Salvia officinalis)*, 2 Stk.
6. Wollziest *(Stachys byzantina)*, 2 Stk.

Zwiebelpflanzen

- A Engelstränen-Narzisse (*Narcissus* 'Thalia'), 15 Stk.
- B Viridiflora-Tulpe (*Tulipa* 'Spring Green'), 20 Stk.

KUGELDISTEL

— *Blaue Blütenkugeln von Juli bis September*

WUCHS Die Staude wächst locker aufrecht und erreicht eine Höhe zwischen 80 bis 100 cm. Die stahlblaue Blüte erscheint von Juli bis September. Die Samenstände sind im Herbst sehr attraktiv.

STANDORT Die Kugeldistel gedeiht in der Sonne auf trockenem bis frischem Boden.

ANBAU Grundsätzlich kann die Staude während der gesamten Saison gepflanzt werden. Die Vermehrung erfolgt durch Selbstaussaat oder Wurzelrhizome.

MANNSTREU 'BLAUER RITTER'

— *Stahlblaue Blüten von Juli bis August*

WUCHS Die prächtigen stahlblauen Blüten sind ab Juli Nahrungsquelle für Bienen und andere Insekten. Die Staude wird 30 bis 70 cm hoch.

STANDORT Bevorzugt durchlässige, trockene bis frische Böden.

ANBAU Containerpflanzen können ganzjährig bei frostfreiem Boden ins Beet gesetzt werden. Gut frosthart. Verträgt Trockenperioden. Die Vermehrung erfolgt durch Teilung.

BLAUSCHWINGEL 'ELIJAH BLUE'

— *Blüht von Mai bis Juli*

WUCHS Trockenheitskünstler mit intensiv stahlblauen Horsten. Das pflegeleichte Gras ist langlebig, es erreicht eine Höhe von 25 cm und ist immergrün.

STANDORT Er bevorzugt sonnige Standorte und trockene Gartenböden. Je trockener der Standort, desto intensiver die Färbung.

ANBAU Das Gras kann im Frühjahr durch Teilung vermehrt werden. Eine Aussaat aus eigenem Samen ist ebenfalls leicht möglich, es neigt auch zur Selbstaussaat.

BLÄULICHE RUTENHIRSE

— *Die Sorte 'Heavy Metal' blüht blaugrün*

WUCHS Diese Rutenhirse ist wegen ihrer metallisch blaugrünen Laubfarbe außerordentlich schön. Ihr straff aufrechter Wuchs schenkt jedem Blumenbeet mehr Struktur. Das Gras wird 100 bis 140 cm hoch und blüht blaugrün von August bis September.

STANDORT Sonnige Orte mit normalen Gartenböden.

ANBAU Das Gras ist zwar sommergrün, aber die Blätter sind im Winter dennoch sehr attraktiv. Deshalb lohnt es sich, mit dem Rückschnitt bis zum Frühjahr zu warten.

WOLLZIEST

— *Blüht von Juni bis August in Violett*

WUCHS Bodendeckerstaude, die nach einigen Jahren dichte Pflanzenkissen ausbildet, mit einer Wuchshöhe von 15 bis 60 cm. Das Highlight sind die wollig behaarten, immergrünen Blätter. Die kleinen Blüten stehen in langen Blütenkerzen zusammen. Sehr anspruchslos und hitzeverträglich.

STANDORT Die Staude bevorzugt sonnige Plätze mit wasserdurchlässigen Böden ohne Staunässe.

ANBAU Pflanzung vorzugsweise zwischen September und November. Vermehrung im April durch Aussaat möglich.

VIRIDIFLORA-TULPE 'SPRING GREEN'

— *Blüht spät, aber sehr lange und elegant*

WUCHS Die Blütezeit ist im Mai. Die Blütenfarbe ist elfenbeinweiß und grün geflammt. Die Sorte wird etwa 40 bis 50 cm hoch und ist eine Insektenweide im Frühjahr.

STANDORT Sie mag sonnige bis halbschattige Plätze mit frischen Böden.

ANBAU Pflanzzeit der Tulpen ist von September bis November. Im Frühjahr warten, bis das Laub vergilbt ist und erst dann abschneiden.

Abendsonne

Dieses Musterbeet ist eine gelb angehauchte Bepflanzung. Auch bei diesem Beet dienen die amerikanischen Prärien als Inspirationsquelle. Das Beet bevorzugt sonnige Standorte mit trockenen Gartenböden. Die Blütezeit erstreckt sich von Februar bis Oktober.

Inspiration in Gelb

KONZEPT

Das Besondere an dieser gelben Prärie ist definitiv der erste Blütenhöhepunkt im Frühling. Dank der Zwiebelpflanzen beginnt die erste Blüte im Februar. Das naturalistische Präriefeeling entsteht unter anderem durch die beiden Gräser. Der Präriecharakter wird durch die grasartigen Blätter der Zwerg-Schwert- und Fackellilie nochmals unterstützt. Bei größeren Flächen könnte auch noch das Reitgras (*Calamagrostis × acutiflora* 'Karl Foerster') dazu kombiniert werden, es hat einen architektonischen, straff aufrechten Wuchs.

Auch hier werden zu den harmonischen Blütenfarben kontrastreiche Blütenformen kombiniert. Im Frühling dominieren kelchförmige Blüten das Beet, in Kombination mit der komplexeren Schwertlilienblüte. Im Sommer treffen kerzenförmige Blüten wie die des Perlgrases und der Fackellilie auf die nach unten hängende Tellerform des Sonnenhutes. Diese Abwechslung wird durch die komplexen Blütenformen von Brandkraut und Federgras auf ideale Weise unterstützt.

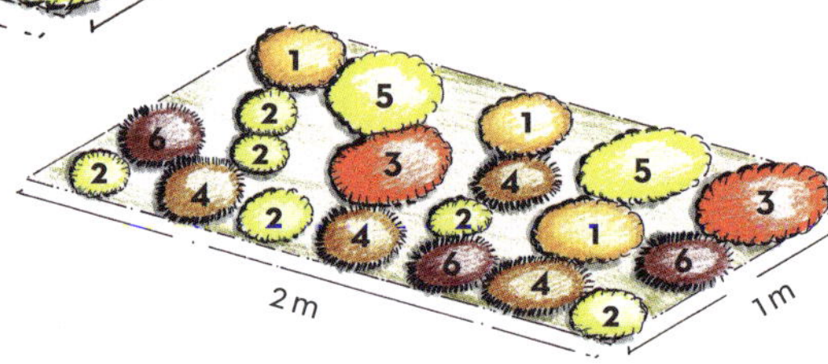

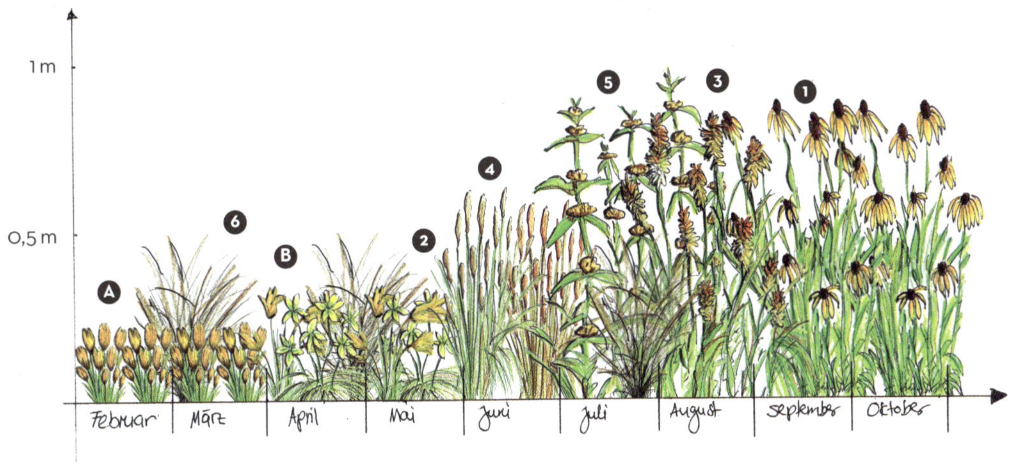

EINKAUFSLISTE

1. Gelber Sonnenhut *(Echinacea paradoxa)*, 3 Stk.
2. Zwerg-Schwertlilie (*Iris barbata-nana* 'Sarah Taylor'), 6 Stk.
3. Fackellilie (*Kniphofia*-Hybride 'Candlelight'), 2 Stk.
4. Wimper-Perlgras *(Melica ciliata)*, 4 Stk.
5. Brandkraut *(Phlomis russeliana)*, 2 Stk.
6. Zartes Federgras *(Stipa tenuissima)*, 3 Stk.

Zwiebelpflanzen

A. Taschkent-Krokus *(Crocus korolkowii)*, 150 Stk.

B. Weinberg-Tulpe *(Tulipa sylvestris)*, 50 Stk.

STANDORT & BEPFLANZUNG

Diese Prärie inspirierte Bepflanzung besitzt einen naturalistischen Charakter. Das bestmögliche Bepflanzungsmuster ist die Misch- oder die Gruppenpflanzung, denn diese beiden Pflanzmuster unterstreichen den naturalistischen Ausdruck. Die ausgewählten Pflanzen bevorzugen die volle Sonne und lieben trockene Böden. Gerade den Lebensbereich Freifläche mögen die Pflanzen sehr. Somit sind magere, sandige Böden der ideale Untergrund für diese Bepflanzung. Bei lehmig frischen Beetböden kann zur Bodenverbesserung Sand untergemischt werden. Die ausgewählten Stauden und Zwiebelpflanzen würden auch super auf einem normalen Gartenboden gedeihen, doch die beiden Gräser, Perl- und Federgras, benötigen einen trockenen Boden. Bei einem normalen Boden sollten sie durch das Reitgras ersetzt werden.

GELBER SONNENHUT

— *Wildstaude in Gelb*

WUCHS Die tollen gelben Blüten mit braunem Köpfchen erscheinen von Juli bis Oktober und sind ebenso im Winter ein Hingucker. Sie sind bei Bienen und Schmetterlingen beliebt. Die Staude wird etwa 80 cm hoch.

STANDORT Bevorzugt sonnige bis halbschattige Plätze mit gut durchlässigen und nährstoffreichen Böden.

ANBAU Verträgt Trockenheit gut, ist aber bei Schnecken beliebt. Verblühtes abschneiden, Pflanzenrückschnitt erst im Frühjahr.

ZWERG-SCHWERTLILIE

— *Sorte 'Sarah Taylor' mit gelben Blüten*

WUCHS Zwerg-Iris-Sorten werden etwa 20 bis 30 cm hoch und fangen schon im April an zu blühen. Die Sorte 'Sarah Taylor' hat hübsche gelbe Blüten mit hellblauem Bart bis Mai. Schwertförmige grüne Blätter.

STANDORT Sonnige Plätze mit trockenen, durchlässigen Böden. Kein Staunässe. Gut im Steingarten.

ANBAU Die Pflanzen können durch ihre Rhizome vermehrt werden. Einfach zwischen Juni und September mit einem Messer teilen und die Stücke neu einpflanzen.

FACKELLILIE

— *Sorte 'Candlelight' mit gelben Blüten*

WUCHS Fackellilien sind wintergrün. Wegen ihren lanzettlichen Blättern und der spektakulären Blüte verströmt diese Pflanze ein exotisches Flair. Diese Sorte blüht von Juli bis September und wird 50 bis 100 cm hoch.

STANDORT Sonnige Plätze, trockene bis frische Böden.

ANBAU Durch Teilung im Frühjahr lässt sie sich gut vermehren. Verblühte Triebe sollte man abschneiden, das Laub hingegen sollte im Herbst nicht zurückgeschnitten werden, da es im Winter hübsch aussieht.

WIMPER-PERLGRAS

— *Mit Blütenständen von Mai bis Juni*

WUCHS Das horstbildende Gras wächst bogig-geneigt bis aufrecht und wird 30 bis 60 cm hoch. Seinen feinen blassgelben, eleganten Blütenstände erscheinen im Spätfrühling und halten etwa vier Wochen.

STANDORT Bevorzugt einen vollsonnigen bis leicht schattigen Standort mit trockenen Böden.

ANBAU Die beste Zeit für die Pflanzung ist der Frühling. Das Gras vermehrt sich leicht durch Selbstaussaat.

BRANDKRAUT

— *Dekorative, gelbe Blütenstände*

WUCHS Die Staude wächst horstartig und wird 60 bis 100 cm hoch, sie ist schnellwüchsig und ausbreitungsfreudig. Die langen Blütenstände erscheinen ab dem zweiten Standjahr von Juni bis Juli.

STANDORT Die Pflanze liebt Sonne und bevorzugt trockene bis frische Böden.

ANBAU Wenn sich die Staude zu stark ausbreitet, kann man den Wurzelbereich verkleinern. Bodennaher Rückschnitt im Frühjahr.

WEINBERG-TULPE

— *Gelbe Blüten von April bis Mai*

WUCHS Wildtulpe mit blumigem Duft, 30 bis 40 cm hoch, bildet schnell große Bestände. Die Blüten schließen sich abends und bei Regen (wie bei allen Tulpen).

STANDORT Mag sonnige, warme Plätze mit nährstoffreichem Boden. Sehr robust.

ANBAU Bildet Ausläufer und kann dadurch vermehrt werden, breitet sich schnell aus und verwildert gerne. Bester Zeitpunkt zum Pflanzen der Blumenzwiebeln ist von September bis November.

Exotisches Flair

Dieses Musterbeet verströmt ein Ferienfeeling. Skurrile gelbe und leuchtend rote Blüten zieren das exotisch angehauchte Blumenbeet. Die Blumen lieben die Sonne und mögen einen trockenen Boden. Die Blütezeit reicht von Februar bis November.

Ferienfeeling

KONZEPT

Bei diesem Musterbeet wurde der Fokus auf Pflanzen gesetzt, die exotisch wirken. Die verwendeten Blütenfarben sind harmonisch und warm, denn die beiden Farben Gelb und Rot dominieren im Beet. Gelb wirkt jugendlich, frisch, strahlend und dynamisch. Da Gelb gerne mit Strand und Sonne assoziiert wird, ist es die perfekte Ferienfeeling-Farbe. Vertreter dieser Farbe sind Sonnenhut, Fackellilie und Krokus. Rot wirkt aufreizend, hitzig, nah, exzentrisch und trocken. Die Blüten von Wolfsmilch, Purpurglöckchen und Weinberg-Lauch tragen diese Farbe. Das Tautropfengras gesellt sich mit silbrig grünen, duftenden Blüten diesem Ensemble hinzu, die weiß blühende Palmlilie bringt noch mehr Exotik ins Beet. Die verschiedenen Blütenformen sorgen für Spannung im Beet.

STANDORT UND BEPFLANZUG

Das Beet besitzt einen exotischen Stil. Das passende Bepflanzungsmuster ist die Gruppenpflanzung, das Blockmuster (Beet wird in möglichst große Flächen aufgeteilt und diese dann nur mit einer Pflanzenart gefüllt) würde auf größeren Flächen beeindruckend wirken. Die fremdartig wirkenden Pflanzen mögen die Sonne und bevorzugen einen trockenen Boden. Viele der in warmen Farben blühenden Pflanzen vertragen auch einen frischen Boden, außer Fackel- und Palmlilien, sie mögen es nur trocknen. Sonnenhut, Wolfsmilch und Purpurglöckchen könnten auch halbschattig stehen.

EINKAUFSLISTE

1. Gelber Sonnenhut *(Echinacea paradoxa)*, 2 Stk.
2. Wolfsmilch (*Euphorbia martinii* 'Velvet Ruby'), 3 Stk.
3. Grünes Purpurglöckchen (*Heuchera sanguinea* 'Leuchtkäfer'), 3 Stk.
4. Fackellilie (*Kniphofia*-Hybride 'Candlelight'), 2 Stk.
5. Tautropfengras *(Sporobolus heterolepis)*, 2 Stk.
6. Palmlilie *(Yucca filamentosa)*, 1 Stk.

Zwiebelpflanzen

- A Weinberg-Lauch (*Allium vineale* 'Hair'), 15 Stk.
- B Taschkent-Krokus *(Crocus korolkowii)*, 150 Stk.

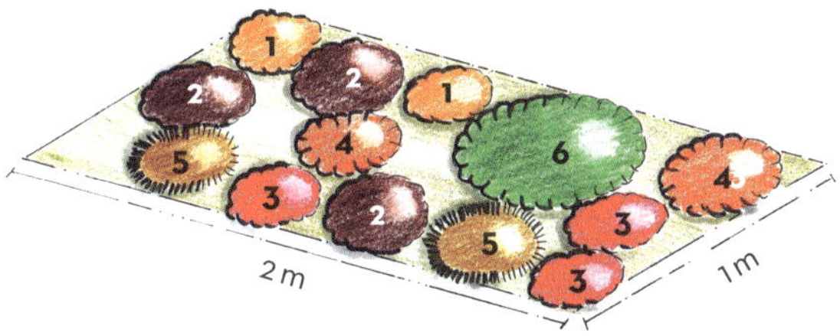

WOLFSMILCH 'VELVET RUBY'

— *Blüht von März bis Juni*

WUCHS Kleinwüchsige, horstbildende Wolfsmilch-Sorte mit 50 cm Höhe. Mit leuchtend roten jungen Blättern und grüngelben Blüten mit langer Blütezeit. Wintergrüne Blätter. Achtung, giftig und hautreizend. Als Alternative bietet sich die Sorte 'Ascot Rainbow' an (siehe Bild).

STANDORT Mag sonnige Plätze mit trockenen bis normalen Gartenböden.

ANBAU Auf Rückschnitt im Herbst wegen der attraktiven Blätter im Winter verzichten. Gut frostverträglich.

GRÜNES PURPURGLÖCKCHEN

— *Die Sorte 'Leuchtkäfer' mit roten Blüten*

WUCHS Attraktive Staude mit horstig-buschigem Wuchs. Aufrechte Blütenstängel mit scharlachroten Blütenglöckchen von Juni bis Juli, die auch Nahrungsquelle für Bienen sind. Die Blätter sind ebenso im Winter grün. Die Pflanze erreicht Höhen von 10 bis 60 cm.

STANDORT Ideal sind sonnige bis halbschattige Plätze mit gut durchlässigem, nährstoffreichem Boden.

ANBAU Rückschnitt nach der Blüte bis zu den Blättern ist empfehlenswert. Winterhart.

TAUTROPFENGRAS

— *Mit Blütenständen von Juli bis September*

WUCHS Dieses zierliche Präriegras ist außergewöhnlich: Die filigranen Blüten sind braun und duften nach Honig. Im Herbst färben sich die Blätter leuchtend ockergelb. Es wird 30 bis 50 cm hoch. Benötigt einige Jahre, um einen üppigen Horst auszubilden, aber dann ist es langlebig und robust.

STANDORT Das Gras liebt die Sonne. Es verträgt mäßig trockene bis mäßig feuchte Böden.

ANBAU Die Pflanzung kann die ganze Saison über erfolgen. Es lässt sich gut über Teilung vermehren.

PALMLILIE

— *Mit eindrucksvollen, hohen Blütenständen*

WUCHS Wirkt mit ihren blaugrünen und langgezogenen Blättern exotisch und wird 80 bis 140 cm hoch. Sie ist wintergrün. Zwischen August und September zeigt die Pflanze ihre prächtigen, cremeweißen Blütenstände.

STANDORT Mag es sonnig und braucht einen durchlässigen, kalkhaltigen und nährstoffreichen Boden.

ANBAU Die Palmlilie kann zwischen März und September gepflanzt werden. Sie lässt sich im Frühling durch das Abnehmen der Tochterpflanzen vermehren.

WEINBERG-LAUCH 'HAIR'

— *Mit grün-roten Blütenköpfchen*

WUCHS Diese attraktive Sorte wird ihrem Namen mit ihren wuscheligen Blütenköpfen von Mai bis Juni vollends gerecht. Sie erreicht Wuchshöhen von 50 bis 60 cm.

STANDORT Dieser Lauch mag sonnige Plätze mit frischen bis trockenen Böden.

ANBAU Die Zwiebeln sollten von September bis November für die nächste Blüte im Frühjahr in den Boden gesetzt werden. Gute Frosthärte. Die Zwiebelpflanze versamt sich leicht selbst.

TASCHKENT-KROKUS

— *Wildkrokus in Gelb mit langer Blütezeit*

WUCHS Leuchtend gelb-bronzefarbene Blüten, die sich bereits im Februar öffnen und bis März halten. Insektenweide!

STANDORT Liebt sonnige Plätze mit durchlässigen Böden.

ANBAU Von September bis November die Blumenzwiebeln an einem vor Spätfrösten geschützten Platz in den Boden setzen. Ansonsten robust und winterhart. Sät sich gerne selbst aus und vermehrt sich so.

Weißer Garten

Dieses Musterbeet ist inspiriert vom weltberühmten englischen Garten Sissinghurst. Ein riesiger Unterschied ist, dass dieses Musterbeet super im (Halb-)Schatten mit trockenem Boden funktioniert. Es blüht von April bis September.

Im Schatten

KONZEPT

Als ich mich als Gartengestalterin selbstständig gemacht habe, ging ich nach England, um im Sussex Prairie Garden zu arbeiten. Der Garten liegt sehr nahe bei Sissinghurst, mit seinem weltberühmten Weißen Garten. Das Thema Weiß ist auch die Inspiration für dieses Musterbeet. Weiß blendet. Es ist kühl, hell und leicht. Weiß symbolisiert Reinheit, Sauberkeit und Unschuld. Weiße Gärten sind nicht einfarbig, sondern besitzen als zweite Farbe das Grün der Blätter. Gerade in schattigen Ecken bleibt Weiß als einzige Farbe sichtbar und leuchtet, denn weiße Blüten erhellen einen dunklen Platz. In der Natur sieht man sehr gut, wie beispielsweise das Buschwindröschen einen verschatteten Waldboden aufhellt, indem es einen weißen Teppich bildet. Ein Ton-in-Ton-Garten besitzt eine dezente und harmonische Ausstrahlung. Gerade Pflanzen im Schatten blühen nicht üppig, und eine weiße Blütenfarbe führt dazu, dass Wuchs, Blattschmuck und Blütenform wieder mehr ins Zentrum rücken. In dieser Bepflanzung blühen Sommer-Wald-Aster, Buschwindröschen, Schnee-Marbel, Kleines Schneeglöckchen, Immergrün und das Duft-Salomonsiegel in Weiß. Die Weißbunte Vogelfuß-Segge und der Flaumfeder-Filigranfarn wurden wegen ihrer Textur ausgewählt.

STANDORT & BEPFLANZUNG

Diese, für einen außergewöhnlich schwierigen Standort ausgewählte Bepflanzung besitzt durch die reduzierte Blüte und die stärkere Textur der Blätter einen modernen Blumenbeet-Stil. Hier lohnt sich eine Gruppen- oder Blockmusterpflanzung. Die ausgewählten Pflanzen kommen mit dem Szenario schattig und trockener Boden gut zurecht. Die beiden wichtigen Wachstumsfaktoren wie Licht und Wasser sind bei diesem Standort stark reduziert, bis fast nicht gegeben. Als Faustregel gilt: Je mehr Blüte gewünscht ist, desto mehr Licht wird benötigt.

EINKAUFSLISTE

1. Weiße Sommer-Wald-Aster *(Aster divaricatus)*, 1 Stk.
2. Weißbunte Vogelfuß-Segge (*Carex ornithopoda* 'Variegata'), 3 Stk.
3. Schnee-Marbel *(Luzula nivea)*, 3 Stk.
4. Duft-Salomonssiegel *(Polygonatum odoratum)*, 3 Stk.
5. Flaumfeder-Filigranfarn (*Polystichum setiferum* 'Plumosum Densum'), 2 Stk.
6. Weißes Immergrün (*Vinca minor* 'Gertrude Jekyll'), 3 Stk.

Zwiebelpflanzen

- A Buschwindröschen *(Anemone nemorosa)*, 15 Stk.
- B Kleines Schneeglöckchen *(Galanthus nivalis)*, 150 Stk.

BLUMEN IM BEET

DUFT-**SALOMONSIEGEL**

Eine heimische Staude mit interssanten weißen, duftenden, bogig überhängenden Blütenständen von Mai bis Juni. Die Pflanze wird etwa 20 bis 40 cm hoch und mag sonnige bis halbschattige Standorte mit frischen bis trockenen Böden. Daher eignet sich die Staude auch für den Steingarten. Die Blätter sind sommergrün.

WEISSE **SOMMER-WALD-ASTER**

Staude mit vielen tollen weißen Blütensternen von August bis September. Auch die silbrigen Samenstände sind attraktiv. Wird 50 bis 70 cm hoch und mag sonnige bis halbschattige Standorte. Super Bodendecker.

Das weiße Immergrün 'Gertrude Jekyll' ist ein toller Bodendecker mit vielen weißen sternförmigen Blüten von April bis Mai. Es ist ideal für halbschattige bis schattige Gartenbereiche.

KLEINES **SCHNEE-GLÖCKCHEN**

Absoluter Klassiker, der bereits ab Februar im Beet leuchtet und eine wichtige Bienenpflanze ist. Mag halbschattige bis schattige Plätze und wird von September bis November mit Blumenzwiebeln gepflanzt.

SCHNEEMARBEL: HEIMISCHES WALDGRAS

Die weiße Hainsimse, wie das Ziergras auch genannt wird, bildet von Juni bis Juli weiße Blütenpuschel. Die Blätter sind immergrün. Die Pflanze wächst 20 bis 40 cm hoch und mag halbschattige bis schattige Standorte.

FLAUMFEDER-**FILIGRANFARN**

Absolut pflegeleicht und wunderschön! Die wintergrünen Blätter sind gekräuselt und zart. Er wird ca. 50 cm hoch und 80 cm breit. Mag es halbschattig mit frischen Böden.

Schnittblumen-Beete

Wenn du schöne Blumen für die Vase ernten möchtest, kannst du sie einfach im Garten selbst anbauen. So hast du attraktive Sträuße für dein Zuhause und passende Geschenke für Freunde und Familie, und kannst sie ohne Pflanzenschutzmittel und regional anbauen.

KONTRASTREICHES BLUMENBOUQUET

Dieses Blumenbeet, das von März bis Oktober durchblüht, besitzt eine kontrastreiche Farbgestaltung. Denn Gelb trifft auf Blau und Lila. Das führt zu einem faszinierenden Beet, das du dir auch als Strauß auf den Tisch stellen kannst. Die Pflanzen sind alle mehrjährig.
Der ideale Standort ist der Halbschatten, es kann aber auch sonnig stehen. In Sträußen sind Blüten die Hauptdarsteller, und Blüten lieben hier die Sonne im Beet. Deshalb würde ich Schnittblumen-Beete nur sonnig bis halbschattig planen. In Schattenbeeten sind Texturen wichtig und da sind die Hauptdarsteller oft die Blätter. Der Beetboden sollte lehmig sein.

EINKAUFSLISTE

1. Blaue Wald-Aster (*Aster cordifolius* 'Little Carlow'), 1 Stk.
2. Gelbe Akelei (*Aquilegia Caerulea*-Hybride 'Maxi'), 3 Stk.
3. Gelber Sonnenhut *(Echinacea paradoxa)*, 2 Stk.
4. Kugel-Primel (*Primula denticulata* 'Blaue Auslese'), 4 Stk.
5. Rote Sterndolde (*Astrantia major* 'Moulin Rouge'), 2 Stk.
6. Sommer-Phlox (*Phlox paniculata* 'Blue Paradise'), 2 Stk.

Zwiebelpflanzen

- A Blausternchen *(Scilla siberica)*, 150 Stk.
- B Strauß-Narzisse (*Narcissus* 'Falconet'), 80 Stk.

Deko für Zuhause

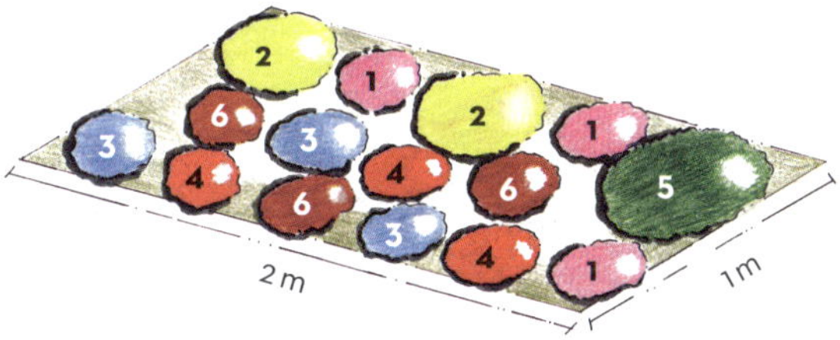

KUNTERBUNTER BLUMENSTRAUSS

Dieses Blumenbeet blüht kunterbunt von Juni bis Oktober durch. Wer die einjährigen Blumen mit Zwiebelpflanzen kombiniert, kann die Blütezeit bis in den Frühling hinein verlängern. Diese Art von Blumenbeet ist relativ kostengünstig, da du die Pflanzen aus Samen gewinnen kannst. Das heißt aber auch, dass das Beet alle Jahre wieder neu eingesät werden sollte.
Bei einem Erntebeet solltest du darauf achten, dass es nicht breiter als 1,20 m und von allen Seiten zugänglich ist. Ab Juni wird das Blumenbeet explodieren. Somit sollten die Samen flächig ausgesät und nicht wie eine Blumenwiese gemischt werden, sonst wird das Ernten schwierig.

EINKAUFSLISTE

1. Witwenblume *(Scabiosa atropurpurea)*, Saatgut
2. Sonnenblume *(Helianthus annuus)*, Saatgut
3. Schopf-Salbei *(Salvia viridis)*, Saatgut
4. Zinnie *(Zinnia elegans)*, Saatgut
5. Schleierkraut *(Gypsophila paniculata)*, Saatgut
6. Ringelblume *(Calendula officinalis)*, Saatgut

Zwiebelpflanzen

- A Tulpe (*Tulipa* 'Negrita'), 20 Stk.
- B Zwiebel-Iris (*Iris reticulata* 'Harmony'), 150 Stk.

SCHNITTBLUMEN IM BEET

GELBE **AKELEI**

Die Sorte 'Maxi' zeichnet sich durch eine Blüte mit anmutiger Form und zartem Zitronengelb aus. Die Blüten sind nach oben ausgerichtet und nicht nickend. Die Blütezeit erstreckt sich von Mai bis Juni. Die Pflanze wird etwa 70 cm hoch und verbreitet sich in der Sonne und im Halbschatten leicht durch Selbstaussaat.

BLAUE **WALDASTER**

Blütenmeer in Violettblau von September bis Oktober, auch für Bienen & Insekten. Die Aster wird 70 bis 100 cm hoch und mag sonnige bis halbschattige Standorte. Sie ist pflegeleicht und gut winterhart.

Auch diese Stauden würden gut ins Beet auf Seite 114 passen: Gelber Fingerhut, lila-rosa blühende Purpurglöchen. Außerdem Zwiebelblumen wie blaue Krokusse und gelbe Tulpen.

STRAUSS-NARZISSE 'FALCONET'

Diese Narzisse zeigt ihre dunkelgelben Blüten mit orangener Krone von April bis Mai und wird etwa 40 cm hoch. Sie mag es sonnig bis halbschattig. Die Blumenzwiebeln von September bis November einpflanzen. Insektenweide.

SOMMER-PHLOX: 'BLUE PARADISE'

Die violettblauen Blüten zeigen sich von Juni bis August, sie sind bienenfreundlich und duften. Die Pflanze wird etwa 1 m hoch. Sie mag sonnige bis halbschattige Plätze aber keine Trockenheit.

KUGEL-PRIMEL

Die Sorte 'Blaue Auslese' zeigt ihre violettblauen Blüten bereits im März und blüht bis Mai. Sie wird an halbschattigen Plätzen bis 30 cm hoch und ist auch für Insekten attraktiv. Ein sehr anpassungsfähiger Frühlingsblüher!

SCHNITTBLUMEN IM BEET

ZINNIE

Diese charmante Einjährige blüht von Juli bis Oktober in Weiß, Gelb, Orange, Rot, Pink, Violett oder auch zweifarbig. Sie kann 20 bis 80 cm hoch werden an sonnigen Standorten. Du kannst sie ab Ende März im Haus vorziehen oder die Samen Mitte Mai direkt ins Beet streuen. Die Pflanzen sind etwas kälteempfindlich.

SCHLEIERKRAUT: WIEDER IM TREND

Die haltbare Schnittblume ist bienenfreundlich und blüht in weißen Wölkchen von Juli bis August. Sie ist anspruchslos und wächst gut in der Sonne im Steingarten auf kargen Böden ohne Staunässe. Sehr gute Winterhärte!

Schöne kurzlebige Schnittblumen sind Bartnelke, Jungfer im Grünen, Kornblume, Löwenmäulchen, Leberbalsam, Ringelblume, Schmuckkörbchen und Strohblume.

ZWIEBEL-IRIS 'HARMONY'

Die nur etwa 15 cm hohe Iris blüht bereits ab Ende Februar in leuchtendem Blau mit weiß-gelber Zeichnung. Sie mag sonnige Standorte mit frischen bis trockenen Böden. Die Rhizome werden im Herbst in den Boden gesetzt.

SONNENBLUMEN

Sie werden sortenabhängig bis zu 2 m hoch. Ihre großen gelbbraunen Blüten erscheinen von Juni bis Oktober und sind bei Insekten und Vögeln beliebt. Die Blumen sind unkompliziert und schnellwüchsig. An einem sonnigen Standort muss man sie regelmäßig gießen. Aussaat im April direkt ins Beet.

SCHOPF-SALBEI

Attraktive, aufrechte Blütenstände in Rosa und Violett von Juni bis Oktober. Sie sind bei Bienen und anderen Insekten beliebt. Wuchshöhe 50 bis 70 cm in normalen Böden in der Sonne. Kann auch getrocknet werden.

Vogelfutter

Dieses Beet ist ein Festmahl für Vögel. Die ausgewählten Pflanzen bieten auch im Herbst und Winter Schutz und Samen für das Federvieh. Das Beet mag die Sonne und einen normalen Boden. Die Blütezeit reicht von Februar bis November.

Mit langer Blütezeit

KONZEPT

Wenn du Rotkehlchen, Blaumeise und Grünfink in deinem Garten beobachten möchtest, musst du die richtigen Pflanzen in deinem Beet verwenden. Blätter und Stängel bieten unseren gefiederten Freunden Schutz, und die Samen dienen als Herbst- und Winterfutter. Ein weiterer positiver Aspekt ist, dass viele Zwiebelpflanzen und Stauden Insekten anziehen, die von den Vögeln gefressen werden können.

Der Elfen-Krokus signalisiert mit seinen blauen Kelchen im Beet das Ende des Winters. Nicht nur der Krokus gilt als Insektenweide, sondern auch die Engelstränen-Narzisse – mit ihren primelgelben, kelchförmigen Blüten. Die Zwiebelpflanzen dienen zur Überbrückung, bis ab Juni endlich die eher spätaustreibenden Stauden anfangen zu blühen — dann aber bis in den Winter hinein. Den Blütenhöhepunkt bildet der August. Dann treffen die lila Kerzen der Prachtscharte auf die bräunlichen Wolken der Rutenhirse. Die tellerförmigen Stauden überwiegen im Beet: purpurrosa Sonnenhut, blauviolette Sommer-Aster, blutrote Schafgarbe und violettblauer Storchschnabel stellen sich mit diesen Blütenformen zur Schau.

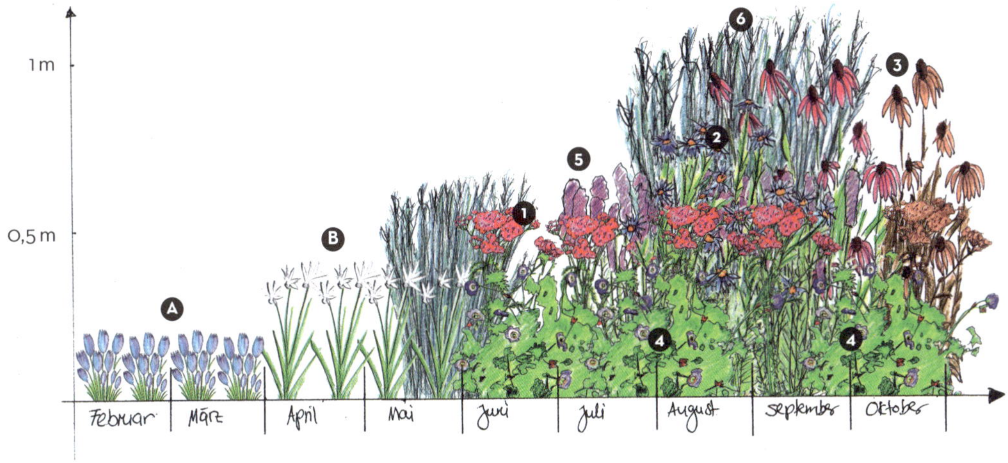

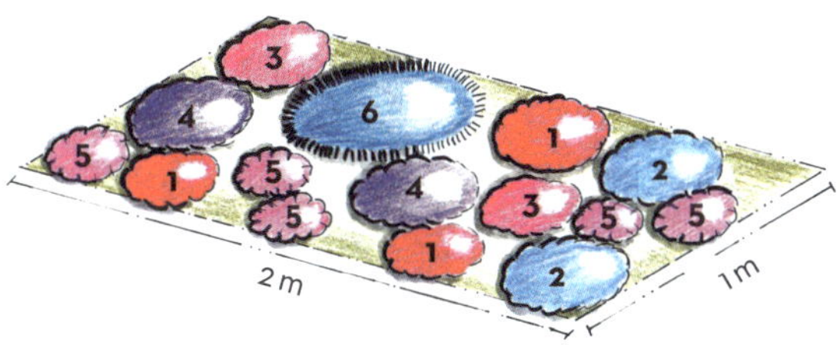

STANDORT & BEPFLANZUNG

Diese von den Vögeln heißgeliebte Bepflanzung ist eine Mischung aus dem romantischen und naturalistischen Blumenbeet-Stil. Hier lohnt sich eine Gruppenpflanzung. Auf größeren Flächen empfehle ich das Blockmuster. Die ausgewählten Pflanzen lieben die volle Sonne und mögen einen typisch frischen Beetboden. Prachtscharte, Storchschnabel und Krokus würden auch einen halbschattigen Standort vertragen. Sonnenhut, Aster und Krokus akzeptieren auch trockene Böden.

EINKAUFSLISTE

1. Schafgarbe (*Achillea millefolium* 'Summerwine'), 3 Stk.
2. Sommer-Aster (*Aster* x *frikartii* 'Mönch'), 2 Stk.
3. Purpur-Sonnenhut *(Echinacea purpurea)*, 2 Stk.
4. Storchschnabel (*Geranium*-Hybride 'Rozanne'), 2 Stk.
5. Prachtscharte *(Liatris spicata)*, 5 Stk.
6. Bläuliche Rutenhirse (*Panicum virgatum* 'Heavy Metal'), 1 Stk.

Zwiebelpflanzen

- A Elfen-Krokus (*Crocus tommasinianus* 'Ruby Giant'), 150 Stk.
- B Engelstränen-Narzisse (*Narcissus* 'Hawera'), 75 Stk.

VOGELPFLANZEN

STORCHSCHNABEL **'ROZANNE'**

Sorte mit langer Blütezeit! Die violettblauen Blüten schmücken die pflegeleichte Pflanze von Mai bis November an sonnigen bis halbschattigen Plätzen. Der Storschschnabel kann ganzjährig in frostfreie Böden gepflanzt werden und ist sehr winterhart. Er wird bis 80 cm hoch mit schnellem, buschigem Wuchs.

PRACHTSCHARTE

Die violettrosa Blüten erscheinen von Juli bis September in hohen ährenförmigen Blütenständen, die von Schmetterlingen und Bienen besucht werden. Nach der Blüte abschneiden. Wuchshöhe bis 1,2 m. An sonnigen Plätzen pflegeleicht und frosthart.

In das Beet auf Seite 118 passen auch folgende Pflanzen: Kissen-Aster 'Heinz Richard', Nadelblättriges Mädchenauge, Braunblättriger Wasserdost sowie Kugellauch und Märzenbecher.

BLÄULICHE RUTENHIRSE 'HEAVY METAL'

Besticht durch ihre metallisch blaugrüne Laubfarbe mit aufrechtem Wuchs bis 140 cm Höhe. Blaugrüne Blüten von August bis September. Mag sonnige Plätze. Rückschnitt erst im Frühjahr.

SOMMER-ASTER 'MÖNCH'

Robust und reichblütig mit blauvioletten und besonders großen Blüten von August bis September. Die Pflanze wird etwa 80 cm hoch und steht im hinteren sonnigen Bereich von Staudenbeeten. Aussaat ab Mitte Mai direkt ins Beet.

NARISSE 'HAWERA'

Die Engelstränen-Narzisse ist beliebt wegen ihrer nickenden zitronengelben Blüten. Sie wird 25 bis 30 cm hoch und wirkt sehr elegant. Sie mag Sonne bis Halbschatten. Gute Frosthärte.

INSEKTENPFLANZEN

GELBER **WALD-SALBEI**

Diese Wildstaude besticht durch ihre zarten feinen Blüten in Gelb, sie erscheinen von Juli bis September und sind eine wichtige Insektennahrung. Die Pflanze kann bis 1 m hoch werden und versamt sich an passenden Standorten leicht selbst. Sie kommt in der Sonne, aber auch gut im Halbschatten zurecht.

WIMPER-PERLGRAS

Das heimische Ziergras mag sonnige und trockene Standorte, z. B. in Steppen- oder Steingärten. Seine blassgelben bogig überhängenden Blütenrispen zeigt es von Mai bis Juni. Es vermehrt sich durch Selbstaussaat.

In diesem Beet verzaubert die Lenzrose von Februar bis April mit ihren schalenförmigen Blüten und ihrem wintergrünen Laub. Die Pflanze vermehrt sich leicht selbst, mag sonnige bis halbschattige Plätze und wird etwa 40 cm hoch.

TAUBEN-SKABIOSE 'BUTTERFLY BLUE'

Eine tolle Insektenweide in Blauviolett mit Blütezeit von Juli bis Oktober. Die Pflanze wird ca. 30 bis 40 cm hoch und mag sonnige Standorte auf frischen bis trockenen Böden. Gute Winterhärte.

FELSEN-TULPE 'LILAC WONDER'

Ein kleines Juwel unter den Tulpen. Ihr gelbes Herz mit rosa Blütenblättern zeigt sie von Ende März bis Mai und erreicht dabei Wuchshöhen bis 30 cm. Die Blumenzwiebel wird im Herbst in den Boden gesetzt und breitet sich leicht selbst aus. Die Wildtulpe mag sonnige Standorte.

KATZEMINZE 'DAWN TO DUSK'

Katzenminzen sind pflegeleicht und vertragen Hitze und Frost gut. Bei Schnecken sind sie nicht beliebt. Diese rosa Sorte blüht von Juni bis Juli und wird ca. 1 m hoch. Winterhart.

Majas bester Freund

Das Beet ist pure Bienen-Freude in Pastell. Die ausgewählten blassen Blüten dienen als Bienenweide. Das Blütenbeet liebt die Sonne und bevorzugt einen frischen Boden. Die Blütezeit erstreckt sich von Februar bis Oktober.

Blüten von Frühling bis Herbst

KONZEPT

Bei der Auswahl der Pflanzen liegt der Fokus darauf, dass sie bienenfreundlich sind. Da Bienen Blüten lieben, sind die ausgewählten Pflanzen hier sehr blühfreudig. Damit die Blüten stimmig wirken und miteinander harmonisieren, wurde darauf geachtet, dass die Blütenfarben eher blass sind. Die Blütenformen bilden einen Kontrast. Die Katzenminze, das Wimper-Perlgras und der Gelbe Wald-Salbei haben kerzenförmige Blütenstände und bringen himmelwärts strebende Linien ins Beet. Der Phlox besitzt eine noch komplexere himmelwärts strebende Blüte. Blaue Balkan-Anemone, Tauben-Skabiose und Lenzrose haben scheibenförmige Blüten, die die Horizontale im Beet betonen. Die Felsen-Tulpe besitzt einen Kelch.

STANDORT UND BEPFLANZUG

Die bienenfreundliche Bepflanzung ist eine Mischung aus dem romantischen und naturalistischen Blumenbeet-Stil. Das optimale Bepflanzungsmuster ist die Mischpflanzung oder die Gruppenpflanzung. Somit ähnelt das Beet einer typischen, von der Biene heißgeliebten, Blumenwiese. Die ausgewählten Pflanzen bevorzugen die volle Sonne und lieben normale Böden. Anemone, Phlox und Salbei fühlen sich auch im Halbschatten sehr wohl. Die meisten der Pflanzen würden auch auf trockenen, nährstoffarmen Flächen gedeihen. Katzenminze, Phlox und Lenzrose lieben hingegen den typischen frischen Beetboden.

EINKAUFSLISTE

1. Lenzrose (*Helleborus-Orientalis-Hybride* 'Pink Lady'), 2 Stk.
2. Wimper-Perlgras (*Melica ciliata*), 3 Stk.
3. Katzenminze (*Nepeta grandiflora* 'Dawn to Dusk'), 2 Stk.
4. Hohe Garten-Flammenblume (*Phlox paniculata* 'Rosa Pastell'), 3 Stk.
5. Gelber Wald-Salbei (*Salvia glutinosa*), 1 Stk.
6. Tauben-Skabiose (*Scabiosa columbaria* 'Butterfly Blue'), 3 Stk.

Zwiebelpflanzen

- A Blaue Balkan-Anemone (*Anemone blanda* 'Blue Shades'), 15 Stk.
- B Felsen-Tulpe (*Tulipa bakeri* 'Lilac Wonder'), 50 Stk.

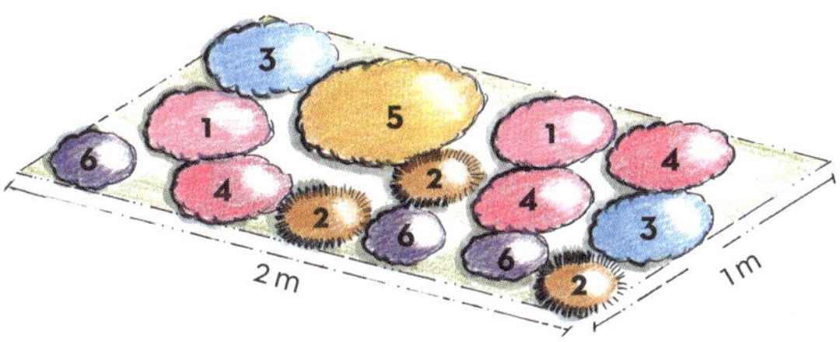

Service

NÜTZLICHE ADRESSEN

Bio-Saatgut

www.bingenheimersaatgut.de
www.magicgardenseeds.de
www.dreschflegel-saatgut.de

Kräuter

www.kraeuter-und-duftpflanzen.de
www.staudenmann.de

Stauden und Gräser

www.gaissmayer.de
www.syringa-pflanzen.de

Blumen und Blumenzwiebeln

www.graefin-von-zeppelin.de
www.joradahl.de
www.winkenbach-hausen.ch

Bäume und Sträucher

www.baumschule-horstmann.de
www.hachmann.de
www.koju.de
www.pflanzmich.de

Rahmenbeete

www.klostermanufaktur.de

Nützliches für Haus und Garten

www.abtei-fulda.de
www.keimling.de
www.kupfer-anton.de
www.manufactum.de

REGISTER

Fette Seitenzahlen verweisen auf Abbildungen.

BILDNACHWEIS

Mit 165 Farbfotos von:
Burkhard Bohne (16): 57 (Nr. 1, 2, 4, 5, 6), 65 (Nr. 4, 6), 67 (Nr. 1, 3, 4, 5), 73 mi, 74 mi, 77 mi, 81 o, 84 u;
Otmar Diez (37): S. 4 beide, 6 alle drei, 7, 8, 9, 10, 11, 16, 17, 19, 28 alle drei, 29 o, 29 mili, 34, 35 alle sechs, 38 o, 38 u, 39 beide, 42, 43 o, 43 u, 44, 45, 46, 47 o, 47 u;
Flora Press (2): /Daniela Kunze S. 92, /GWI S. 93;
Carolin Küßner (1): S. 2;
Mauritius images (3): /Steffen Hauser/botanikfoto/Alamy Stock Photos S. 67 (Nr. 6), /Zoonar/Manfred Ruckszio, Zoonar GmbH/Alamy Stock Photos S. 75 u, /Alamy Stock Photos/mirzamlk S. 87 o;
Kerstin Mumm (25): S. 2, 3 li, 48 beide, 50 alle drei, 57 (Nr. 3), 61 alle vier, 65 (Nr. 1, 2, 4, 5), 72, 78 o, 79 u, 81 mi, 81 u, 82 o, 83 u, 84 mi, 86 u;
shutterstock (59): /Kokosha Yuliya S. 29 mimi, /Andris Tkacenko S. 29 u, /Paul Maguire S. 38 mi, /Bad Birch S. 43 mi, /Janice Chen S. 47 mi, /Doikanoy S. 73 o, /Manfred Ruckszio S. 73 u, 75 mi, /Emma Boiko S. 74 o, /simona pavan S. 74 u, 75 o, /lzf S. 76 o, /olko1975 S. 76 mi, /Masayuki S. 76 u, /SUBAS CHANDRA MAHATO S 77 o, /Supaleka_P S. 77 u, /Ksenia Lada S. 78 mi. /Janthima Sang S. 78 u, /romiri S. 79 o, /Peter Hermes Furia S. 79 mi, /Lubos Chlubny S. 80 o, /weha S. 80 mi, /Flower_Garden S. 80 u, 82 u, 84 o, /J. P. Mitchell S. 82 mi, /Fabrizio Guarisco S. 83 o, /Imagepocket S. 83 mi, /Gilles Paire S. 85 o, /N.Stertz S. 85 mi, 108 mi, 117 re, /Orest Lyzhechka S. 85 u, /Helen Pitt S. 86 o, /aga7ta S. 86 mi, /milart S. 87 mi, /EtaCarinae89 S. 87 u, /bykot photo S. 96 u, /AngieC333 S. 100 o, /Ivan Ventura S. 100 mi, /Svetlana Zhukova S. 100 u, /Sergey V Kalyakin S. 101 u, /Snoopy0107 S. 104 o, / R. Eagle S. 104 mi, /RussoD S. 104 u., /Liane M S. 105 mi, /InfoFlowersPlants S. 105 u., /Skofiled S. 109 u., /Iris - Beautiful Nature S. 112 o, /Alex Manders S. 112 uli, /Erkki Makkonen S. 113, /Risti_77 S. 116 o, /Walter Erhardt S. 116 mi, /Andrew Pustiakin S. 116 u, /Tupungato S. 117 o. /Nahhana S. 117 li, /Gabriela Beres S. 120 o, /Orest lyzhechka S. 121 o, /Sebastian 22 S. 121 u;
Strauss, Friedrich (2): S. 108 o., /Dirk Mann S. 109 mi,
Iris Winkenbach (20): S. 3 re, 88 beide, 90 alle drei, 91, 96 o, 96 mi, 97 alle drei, 101 o, 101 mi, 105 o, 108 u, 109 o, 112 mire, 117 u, 121 mili,

Mit 88 Illustrationen von:
Claudia Schick (57): S.12 bis 15, S. 18, S. 20 bis 33, S. 36 bis 41, S. 52 bis 55, S. 58, 59, S. 62, 63, S. 68 bis 71;
Iris Winkenbach (31): S. 94, 95, S. 98, 99, S. 102, 103, S. 106, 107, S, 110 bis 112, S. 114 bis 116, S. 118 bis 123;

IMPRESSUM

Umschlaggestaltung von Claudia Eder – Konzept und Gestaltung – unter Verwendung von Illustrationen von Claudia Schick und einer Illustration von Iris Winkenbach (Außenklappe hinten) sowie 9 Farbfotos von Kerstin Mumm (Kräuter vordere Innenklappe Nr. 1 bis 9) und einem Farbfoto von Burkhard Bohne (Nr. 10, vordere Innenklappe).

Alle Angaben in diesem Buch sind sorgfältig geprüft und geben den neuesten Wissensstand bei der Veröffentlichung wieder. Da sich das Wissen aber laufend in rascher Folge weiterentwickelt und vergrößert, muss jeder Anwender prüfen, ob die Angaben nicht durch neuere Erkenntnisse überholt sind. Dazu muss er zum Beispiel Beipackzettel zu Dünge-, Pflanzenschutz- bzw. Pflanzenpflegemitteln lesen und genau befolgen sowie Gebrauchsanweisungen und Gesetze beachten.
Die Blütenfarben sind sortenabhängig, daher können auch Farben auf dem Markt sein, die im Buch nicht genannt werden. Die Blütezeiten sind ebenfalls sortenabhängig, aber auch klima- und standortabhängig. Die angegebenen Wuchshöhen und -breiten der Pflanzen sind Mittelwerte. Sie können je nach Nährstoffgehalt des Bodens variieren. Verschiedene Sorten können deutlich größer oder auch kleiner wachsen als die Art.

Unser gesamtes Programm finden Sie unter **kosmos.de.**
Über Neuigkeiten informieren Sie regelmäßig unsere Newsletter, einfach anmelden unter **kosmos.de/newsletter**

FSC www.fsc.org MIX Papier | Fördert gute Waldnutzung FSC® C110508

Gedruckt auf chlorfrei gebleichtem Papier

ISBN 978-3-440-184981
Projektleitung: Birgit Grimm
Redaktion: Birgit Grimm
Gestaltungskonzept: GRAMISCI Editorialdesign, München
Gestaltung und Satz: Daniela Petrini, A-Reutte
Produktion: Klaus Jost
Druck und Bindung: Westermann Druck Zwickau GmbH, Zwickau
Printed in Germany / Imprime en Allemagne

HAUPTKULTUREN

Pflanzengruppe	Gemüseart	Nährstoffbedarf	Gute Nachbarn
Wurzelgemüse	Möhren, Karotten	Mittelzehrer	Endivie, Erbsen, Dill, Knoblauch, Kohlgewächse, Lauch, Radieschen, Rettich, Rote Bete, Salat, Tomaten, Zwiebeln
Wurzelgemüse	Kartoffeln	Starkzehrer	Borretsch, Frühkohl, Spinat
Wurzelgemüse	Knollensellerie	Starkzehrer	Bohnen, Kohlarten (Knollensellerie wehrt mit seinem Geruch Kohlfeinde ab), Lauch, Pastinake, Spinat, Tomaten, Zwiebeln
Wurzelgemüse	Pastinake	Mittelzehrer	Kartoffeln, Radieschen, Rote Bete, Salat, Sellerie, Spinat
Wurzelgemüse	Radieschen / Rettich	Schwachzehrer	Bohnen, Erbsen, Erdbeeren, Möhren, Salat, Tomaten
Wurzelgemüse	Rote Bete	Mittelzehrer	Bohnen, Bohnenkraut, Dill, Kohlrabi, Möhren, Pastinake, Salat, Zwiebeln
Zwiebelgemüse	Knoblauch	Mittelzehrer	Erdbeeren, Gurken, Lauch, Möhren, Tomaten, Zwiebeln
Zwiebelgemüse	Lauch	Starkzehrer	Erdbeeren, Knoblauch, Möhren, Pastinake, Sellerie
Zwiebelgemüse	Zwiebeln	Mittelzehrer	Dill, Gurken, Knoblauch, Mangold, Möhren, Rote Bete, Salat, Tomaten, Sellerie, Erdbeeren
Kohlgewächse	Blumenkohl, Brokkoli	Starkzehrer	Buschbohnen, Endivie, Erbsen, Mangold, Möhren, Salat, Sellerie, Spinat, Tomaten
Kohlgewächse	Chinakohl	Starkzehrer	Bohnen, Erbsen, Kohlrabi, Spinat
Kohlgewächse	Grünkohl	Starkzehrer	Buschbohnen, Endivie, Erbsen, Mangold, Möhren, Salat, Sellerie, Spinat, Tomaten
Kohlgewächse	Kohlrabi	Mittelzehrer	Bohnen, Erbsen, Erdbeeren, Lauch, Rote Bete, Salat, Spinat, Tomaten
Kohlgewächse	Rosenkohl	Starkzehrer	Buschbohnen, Endivie, Erbsen, Mangold, Möhren, Salat, Sellerie, Spinat, Tomaten
Kohlgewächse	Rot- und Weißkohl	Starkzehrer	Buschbohnen, Erbsen, Möhren, Salat, Sellerie, Spinat, Tomaten, Mangold, Endivie
Kohlgewächse	Wirsing	Starkzehrer	Buschbohnen, Erbsen, Möhren, Salat, Sellerie, Spinat, Tomaten, Mangold, Endivie
Hülsenfrüchte	Buschbohnen	Schwachzehrer	Bohnenkraut, Borretsch, Dill, Erdbeeren, Gurken, Kohlarten, Mangold, Radieschen, Rote Bete, Sellerie, Tomaten
Hülsenfrüchte	Stangenbohnen	Schwachzehrer	Bohnenkraut, Gurken, Ringelblumen, Rote Bete, Salat, Sellerie, Spinat
Hülsenfrüchte	Erbsen	Schwachzehrer	Dill, Gurken, Kohlarten, Möhren, Radieschen, Rettich, Salat, Spinat
Sammelnussfrüchte	Erdbeeren	Schwachzehrer	Borretsch, Buschbohnen, Knoblauch, Kopfsalat, Feldsalat, Lauch, Radieschen, Schnittlauch, Spinat, Zwiebeln
Fruchtgemüse	Tomaten	Starkzehrer	Basilikum, Bohnen, Kohlarten, Möhren, Lauch, Petersilie, Salat, Sellerie, Spinat, Zwiebeln
Fruchtgemüse	Zucchini	Starkzehrer	Basilikum, Bohnen, Zwiebeln

NEBENKULTUREN

Blattgemüse	Asia Salate	Mittelzehrer	Kopf- oder Pfücksalat
Blattgemüse	Chicoreé	Mittelzehrer	Fenchel, Möhren, Tomaten
Blattgemüse	Endivien	Mittelzehrer	Fenchel, Kohlarten, Möhren
Blattgemüse	Feldsalat	Mittelzehrer	Endivie, Erdbeere, Kohlrabi, Radieschen, Ringelblume, Winterportulak, Zwiebeln
Blattgemüse	Kopfsalat	Mittelzehrer	Bohnen, Borretsch, Dill, Erbsen, Gurken, Kohlrabi, Kohl, Radieschen, Rettich, Spinat, Tomaten
Blattgemüse	Fenchel	Mittelzehrer	Endivie, Gurken, Salat
Blattgemüse	Stangensellerie	Starkzehrer	Bohnen, Kohlarten, Lauch, Pastinaken, Spinat, Tomaten, Zwiebel
Blattgemüse	Mangold	Mittelzehrer	Buschbohnen, Kohlarten, Möhren, Radieschen, Rettich, Zwiebel, Salat
Blattgemüse	Spinat	Mittelzehrer	Bohnen, Erbsen, Erdbeeren, Kohlgewächse, Pastinaken, Radieschen, Rettich, Salat, Tomaten
Fruchtgemüse	Aubergine	Mittelzehrer	Kohlarten, Ringelblumen, Salat, Spinat
Fruchtgemüse	Paprika	Starkzehrer	Kohlarten, Petersilie, Ringelblumen
Fruchtgemüse	Gurken	Starkzehrer	Basilikum, Stangenbohnen, Dill, Fenchel, Sellerie, Spinat, Kohlarten, Kopfsalat, Zwiebeln, Erbsen, Salat
Fruchtgemüse	Kürbis	Starkzehrer	keine, Kürbis benötigt viel Platz